云计算与大数据实验教材系列

CloudStack
云平台部署与应用实践

王云华　熊盛武　主编

WUHAN UNIVERSITY PRESS
武汉大学出版社

图书在版编目(CIP)数据

CloudStack 云平台部署与应用实践/王云华,熊盛武主编. —武汉:武汉大学出版社,2017.6
云计算与大数据实验教材系列
ISBN 978-7-307-19402-1

Ⅰ.C⋯ Ⅱ.①王⋯ ②熊⋯ Ⅲ.计算机网络—教材 Ⅳ.TP393

中国版本图书馆 CIP 数据核字(2017)第 144028 号

责任编辑:林 莉 责任校对:汪欣怡 版式设计:马 佳

出版发行:**武汉大学出版社** (430072 武昌 珞珈山)
(电子邮件:cbs22@whu.edu.cn 网址:www.wdp.com.cn)
印刷:武汉市宏达盛印务有限公司
开本:787×1092 1/16 印张:11 字数:262 千字 插页:1
版次:2017 年 6 月第 1 版 2017 年 6 月第 1 次印刷
ISBN 978-7-307-19402-1 定价:30.00 元

前　言

云计算从提出到成熟，中间经历了较长的时间。云计算的各种概念也在不断发展更新。了解各种概念，学习各种理论，只是纸上谈兵。在了解这些概念和理论的同时，初学者都希望有一个初具规模的云计算系统可供学习、实践和使用。CloudStack 正是这样的一个云计算系统，可供用户构建一个安全的多租户云计算环境，可以帮助用户更好地协调服务器、存储、网络资源，从而构建一个 IaaS 平台。

CloudStack 是一个开源的具有高可用性及扩展性的云计算解决方案。支持管理大部分主流的 Hypervisor，如 KVM 虚拟机，XenServer，VMware，Oracle VM，Xen 等。它可以加速高伸缩性的公共和私有云(IaaS)的部署、管理、配置。使用 CloudStack 作为基础，数据中心操作者可以快速方便地通过现存基础架构创建云服务。

本书以深入浅出的方式介绍了 CloudStack，从历史发展、安装配置、功能使用、开发入门等角度对 CloudStack 进行了全面的介绍。

通过 CloudStack 的部署讲解，使同学们深入了解其运行机理；通过基础网络方案以及高级网络方案的讲解，使学生们充分掌握 CloudStack 的功能特点；通过 CloudStack 开发知识的讲解，使学生们对于 CloudStack 源码的开发有了一个初步的认识，为学生们以后的学习提供了基本的保障。

本书介绍了云计算平台 CloudStack 部署技术操作及其初级应用开发，主要针对云计算的初学者给出相应的实践部署和应用开发的解决方案。全书共包括四个部分，第一为 CloudStack 基础知识篇，主要介绍了 CloudStack 云计算平台的功能特点、组织架构和网络方案；第二章为 CloudStack 安装创建篇，主要介绍 CloudStack 的支撑操作系统、计算节点和管理节点的安装，网络区域的创建和系统运行的检查机制；第三章为 CloudStack 部署使用篇，详细叙述了 CloudStack 的 ISO、模板、虚拟机实例、访问控制、磁盘与快照、服务方案、域和账户和项目的具体操作部署方法；第四章为 CloudStack 源码开发篇，介绍了开发环境的配置和调试源码开发入门，并以一个 CloudStack 的 API 开发实例来描述了其开发步骤和基本方法。

《CloudStack 云平台部署与应用实践》的特色是以初学者掌握云平台的基本操作和应用实践为主要目的，给出了部署 CloudStack 云平台的每个步骤，并对每个步骤的操作实践都做了详细的解释。

目　　录

1　CloudStack 简介及架构

1.1　CloudStack 简介与架构

CloudStack 是当前谈论的比较热门的一个话题。CloudStack 是一个开源的具有高可用性及扩展性的云计算平台。它可以帮助用户利用自己的硬件提供类似于 Amazon EC2 那样的公共云服务。可以通过组织和协调用户的虚拟化资源，构建一个和谐的环境。

CloudStack 具有许多强大的功能，可以让用户构建一个安全的多租户云计算环境，可以帮助用户更好地协调服务器、存储、网络资源，从而构建一个 IaaS 平台。

CloudStack 是基于 IaaS(Infrastructure as a Service) 即基础设施即服务的一种开源的解决方案，具有多种良好的功能，例如：部署简单、支持故障迁移、界面美观、支持众多的 Hypervisor 等。

1.1.1　CloudStack 的历史与发展

1. CloudStack 的历史

提到 CloudStack，不得不提及一家公司——Cloud. com。其前身为 VMOps，由梁胜博士于 2008 年创立。经过一年多的封闭管理，VMOps 的初始版本已经基本成熟。2010 年 5 月，VMOps 正式更名为 Cloud. com，并且开放大部分开发的云管理平台的源码，其开发的云管理平台版本已经达到 CloudStack2. 0。CloudStack 逐渐揭开了神秘的面纱，并开始积累了一些商业应用案例。CloudStack 最初分为社区版和企业版，与社区版相比，企业版保留了 5% 左右的私有代码。

2011 年年初，CloudStack2. 2 版本发布，Cloud. com 在短短四个月内与非常多的重量级用户签署了合作协议，比较著名的有韩国电信、北海道大学等。CloudStack2. 2 能够管理的 Hypervisor 包括 KVM、XenServer、Vmware、OVM。

由于 CloudStack 积累了大量的企业应用案例以及其成熟的应用和管理扩展功能，最终被 HP 和 Citrix 两家公司竞购。2011 年 7 月，Citrix 收购 Cloud. com。2012 年 2 月，Citrix 发布新版本 CloudStack3. 0。2012 年 4 月 16 日，Citrix 将 Cloudstack 捐献给 Apache 基金会进行孵化，并且完全采用 Apache2. 0 许可。2013 年初，Cloudstack 被确立为 Apache 基金会的顶级项目。越来越多的企业或个人开始加入 CloudStack 的行列中，促进了 Cloudstack 的进一步发展与完善。

2. CloudStack 生态圈

Cloudstack 被捐献给 Apache 后，越来越多的企业开始加入 Cloudstack，共同为

Cloudstack 的完善出谋划策，维系着 Cloudstack 的发展，从而形成了比较完善的 Cloudstack 生态圈。

Cloudstack 生态圈组织主要包括以下几类：

（1）通过 CloudStack 构建自己的公有云和私有云的用户，其中包括电信运营商、云服务提供商、跨国大型企业、大学等重量级用户；

（2）大量的云解决方案提供商，推动 CloudStack 项目的落地；

（3）加入 CloudStack 行列的企业，推动了 CloudStack 功能的完善，从而提供管理基于 CloudStack 的商业发行版本。

目前，使用 CloudStack 作为生产环境的公司有 KT、Tata、SAP、迪士尼等。在 Citrix 的微博中有这样一个统计，如图 1-1 所示，CloudStack 已经部署在至少 250 个大型的生产系统中，其中最大的一个云的规模超过了40 000台，已经运行了很多年，并且正在持续发展。

图 1-1　CloudStack 已经部署的部分生产系统

国内开始使用 CloudStack 的时间比较晚，相对较早的公司有天云趋势、中国电信。PPTV 曾在国内 CloudStack 社区的技术活动中分享了使用 CloudStack 的经验。目前国内使用 CloudStack 的用户越来越多，CloudStack 生态圈中的各个公司并不完全是竞争关系，每个公司都有各自的优势和发展方向，集合在一起，可以更好地推动 CloudStack 项目的落地。

3. CloudStack 的路线规划

CloudStack 的设计目标在于：

（1）为了更加易于使用和开发；

（2）允许拥有不同技能的开发人员工作在 CloudStack 的不同功能模块上；

（3）给运营人员提供选择 CloudStack 的一部分功能来实现自己所需的机制；

（4）要支持使用 Java 以外的其他语言来编写功能模块，要具有较高的可用性和可维护性，并且要易于部署。

这些看似毫无意义，但是很多是当前要完成的目标，而且都是不容易去完成的。

CloudStack4.0 版本后都是在为完成上述的目标而不断的调整，模块更加轻量化、耦合度逐步下降、功能架构越来越清晰，并且从之前的私有自定义模块转向用户熟知的框架，能够更好地组合资源以便于与第三方设备集成。

　　CloudStack 的规划向来不会太远，在 Apache 的 Jira 上就有单独的一项叫做 Road Map，上面会列出未来一段时间将要发布的 CloudStack 版本，如图 1-2 所示，地址为 http：//issues. apache. org/jira/browse/CLOUDSTACK？selectedTab = com. atlassian. jira. plugin. system. project%3Aroadmap-panel

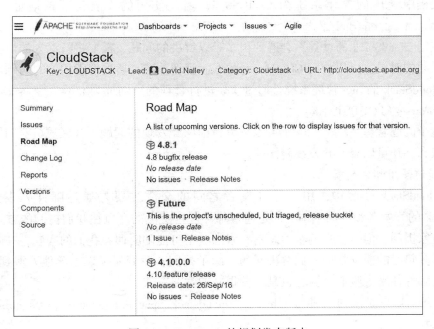

图 1-2　CloudStack 的规划发布版本

1.1.2　CloudStack 社区

　　每一个开源的社区背后都有一个开源的项目，但不是每一个开源项目都会产生一个社区。社区由开发者、测试人员、使用者、用户等组成。开源社区是一个开源项目赖以生存的土壤，没有良好的社区，优秀的项目就会衰落。

　　1. CloudStack 社区资源

　　CloudStack 的官方网站是最具有权威的 CloudStack 资源中心，网址是：http：//cloudstack. apache. org 通过官方网站可以找到与 CloudStack 相关的大部分信息，例如软件源代码、软件开发文档等。

　　CloudStack 的官方网站还提供了 CloudStack 的社区博客。CloudStack 的社区博客网址：http：//blogs. apache. org/cloudstack/该博客会不定期地发布目前的 bug 统计信息、最新社区的讨论话题、CloudStack 版本的开展进度、近期的开发计划等比较全面的社区活动介绍。通过该博客，可以对 CloudStack 的近期发展有一个总体的了解。如果需要跟踪

CloudStack 的发展，阅读社区周报是一个很好的方法。

CloudStack 的源码下载的地址：http：//cloudstack. apache. org/downloads. html。

对于需要进行二次开发的人员，可以使用源码的方式编译安装。由于本文档是针对于初学 CloudStack 的人员，因此选择下载已经编译好的二进制数据包进行 CloudStack 的安装。下载地址：

（1）基于 RHEL 或 CentOS 的 RPM 安装包：http：//cloudstack. apt-get. eu/rhel/。

（2）基于 Ubuntu 的 DEB 安装：http：//cloudstack. apt-get. eu/ubuntu。

本文档中使用的操作系统为 CentOS6.5，因此使用的安装包下载地址：http：//cloudstack. apt-get. eu/rhel/。

在使用 CloudStack 的过程，会遇到很多难以解决的问题，需要进行深入的研究。当无法解决问题的时候，可以访问 CloudStack 的 bug 管理系统，通过搜索相关的问题从而获取帮助。CloudStack 的 bug 管理系统是通过 Jira 进行管理的，网址为 https：//issues. apache. org/jira/browse/CLOUDSTACK。

在这个问题管理系统中，除了可以了解目前已经发现的问题、社区成员对问题的讨论和处理状态，还可以查看开发线路图等。

2. 如何使用邮件列表

在 CloudStack 社区中，用户与开发者之间的交流主要是通过邮件列表进行的。CloudStack 的开发者和专家基本上都是通过邮件进行交流的。以往我们提问的方式是直接找一个专家提问，但一个人的精力总是有限的，不可能随时回答我们的问题，在邮件列表中会有很多热心的朋友帮助我们解决问题。除了提问，我们还可以了解他人遇到的问题，在别人的邮件往来中吸取经验，也是一种很好的学习方式。

CloudStack 的邮件列表地址：http：//cloudstack. apache. org/mailing-lists. html 具体如表 1-1 所示。

表 1-1 　　　　　　　　　　　　　　**CloudStack 的邮件列表**

邮 箱 名 称	邮 箱 地 址
公告邮件列表	announce@ CloudStack. apache. org
全球用户邮件列表	users@ CloudStack. apache. org
中文用户邮件列表	users-cn@ CloudStack. apache. org
开发者邮件列表	dev@ CloudStack. apache. org
代码提交邮件列表	commits@ CloudStack. apache. org
问题邮件列表	issues@ CloudStack. apache. org
市场运作邮件列表	marketing@ CloudStack. apache. org

建议加入全球用户、中文用户、开发者这三个邮件列表，因为它们是当前讨论比较集中的邮件列表。这里以加入中文用户邮件列表为例进行说明如何加入邮件列表。

注：加入相应的邮件列表后才可以进行相应的邮件交互。

这里使用 mengnan. shen@ uicctech. com 为发送邮件的邮箱地址。

（1）首先打开邮箱，发送一封邮件到 users-cn-subscribe@ cloudstack. apache. org，主题和内容不限；

（2）随后将会收到来自 users-cn-help@ cloudstack. apache. org 的 confirm subscribe to users-cn@ cloudstack. apache. org 确认邮件，邮件内容大致如图 1-3 所示。

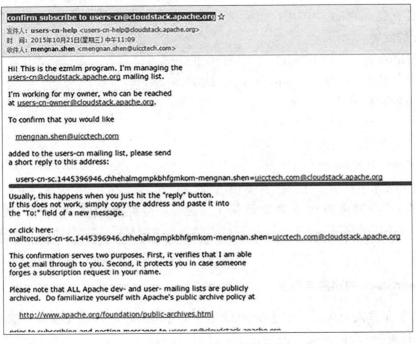

图 1-3　CloudStack 的确认邮件

（3）对加入的邮件列表进行确认。根据邮件的叙述，直接使用邮件回复功能回复这封邮件即可，填写的主题和邮件内容不限；

（4）检查收件箱，如果收到主题为"WELCOME to users-cn@ cloudstack. apache. org"的邮件，则表示已经成功加入了邮件列表。一定要保存好这封邮件，里面有关于如何退订邮件组以及加入其他邮件组的方法。

成功加入邮件组后，需要向邮件组中的专家提问时，直接向邮件地址 users-cn@ CloudStack. apache. org（加入的是中文用户邮件列表，邮件列表的地址在表 1-1 中已经给出）发送邮件即可。

3. CloudStack 中国用户组

2012 年 4 月 CloudStack 被 Citrix 公司捐献给 Apache 基金会，进入了开源项目的孵化阶段。2012 年 5 月，在云天趋势公司的支持下，由李学辉牵头，成立了 CloudStack 中国用户组，并创立了用于发布信息的网站，将爱好者集合起来，共同进行 CloudStack 的讨论和学习。

2012 年 5 月 22 日，社区举办了第一次技术分享活动，邀请相关专家介绍了 CloudStack 及其技术架构，并由李学辉分享了云天趋势在一年多时间里对 CloudStack 的研究经验。随后，社区在南京、上海、广州等多个城市举办了巡回活动，为 CloudStack 在中国的发展迈出了第一步。从 2012 年至今，社区一直坚持每月举办一次技术沙龙，分享相关的技术和经验，主要集中在北京和上海两地，也有在其他城市举办技术沙龙活动。2013 年下半年，参考其他社区的活动方式，在北京组织了两周一次的周四晚咖啡之夜活动，加强了社区用户之间的交流与互动。社区每个月的活动会在当月的第一周公布在官方网站上。

2014 年，CloudStack 中国用户组尝试开展培训及商务合作，希望能从更多方面推动 CloudStack 的发展。

下面列出的是参与 CloudStack 中国用户组的方式入口。

中国用户组的网站地址：http://www.cloudstack-china.org/

(1)QQ 群有如下几个：

➢ 用户群：236581725

➢ 技术开发群：276747327

➢ 市场群：368649692

(2)新浪微博用户名："CloudStack 中国"

CloudStack 中国用户组一直秉承为 CloudStack 爱好者服务的目标，致力于推动 CloudStack 在中国的发展，为 CloudStack 技术的普及、项目的实时落地提供了强有力的帮助。

1.1.3 CloudStack 的功能与特点

云计算最早进入大众的视野是在 2006 年亚马逊推出弹性计算云服务，Google 也在同年提出"云计算"概念的时候。但是对于云计算，一直没有给出一个准确的定义。后来，美国国家标准和技术研究院对云计算的定义中描述了云计算的部署模型，具体如下：

(1)私有云：是为一个客户单独使用而构建的，因而提供对数据、安全性和服务质量的最有效控制。私有云中的数据和程序在组织内部进行管理，并且不会受到网络带宽、用户对安全性的疑虑、法规限制的影响。

(2)公有云：通常指第三方提供商开发给用户使用的云。公有云一般可通过 Internet 使用，可能是免费或成本低廉的。这种云有许多实例，可在当今整个开放的公有网络中提供服务。其最大意义是能够以低廉的价格，提供有吸引力的服务给最终用户，创造新的业务价值，公有云作为一个支撑平台，还能够整合上游的服务(如增值业务、广告)提供者和下游最终用户，打造新的价值链和生态系统。公有云服务提供者会对其用户实施访问控制管理机制。

(3)社区云：社区云由众多利益相仿的组织操控和使用，社区成员共同使用云数据和应用程序。

(4)混合云：是公有云和私有云两种服务方式的结合，是目标架构中公有云、私有云的结合。由于安全和控制原因，并非所有的企业信息都能放置在公有云上，这样大部分已经应用云计算的企业将会使用混合云模式。很多将选择同时使用公有云和私有云，有一些也会同时建立社区云。

在云计算的定义的服务模式中，主要明确了以下三种服务模式：

（1）软件即服务（SaaS）：消费者使用应用程序，但不掌控操作系统、硬件或者网络基础架构。通过 Internet 提供软件的模式，厂商将应用软件统一部署在自己的服务器上，客户可以根据自己的实际需求，通过互联网向厂商定购所需的应用软件服务，按定购的服务多少和时间长短向厂商支付费用，并通过互联网获得厂商提供的服务。

（2）平台即服务（PaaS）：消费者是使用主机操作应用程序，但是消费者无需下载或安装相关服务，可通过因特网发送操作系统和相关服务的模式。

（3）基础设施即服务（IaaS）：消费者使用基础计算资源（处理能力、存储空间等），能够掌控操作系统、存储空间、已部署的应用程序以及网络组件，但是不掌控云基础架构。

在云计算中，以上三种服务模型之间存在相互的协调关系。IaaS 会对底层的硬件设施进行统一的管理，并向上层提供服务；PaaS 提供了用户可以访问的完整或部分的应用程序开发；SaaS 则提供了完整的可直接使用的应用程序，例如通过 Internet 管理企业资源。

CloudStack 设计的初衷，就是提供基础设施即服务（IaaS）的服务模型，形成一个硬件设备及虚拟化管理统一的平台，将计算资源、存储设备、网络资源进行整合，形成一个资源池，通过管理平台进行统一的管理，弹性的增减硬件设备。根据云平台的特点，CloudStack 进行了功能上的设计以及优化，未来适应云的多租户模式，设计了用户的分级管理机制，通过多种手段保护了用户数据的安全性，保护了用户的隐私。对于云系统的管理员来说，绝大部分的工作可以通过浏览器来完成。CloudStack 既可以直接对用户提供虚拟机租借服务，也可以开放 API 接口为 PaaS 层提供服务。最终用户只需要在 CloudStack 的平台上直接申请和使用虚拟机就可以了，无须关注底层硬件是如何被设计和使用的，也不用关心自己使用的虚拟机到底在哪个计算服务器或者哪个存储上。

CloudStack 的管理是比较全面的，并且尽可能地兼容，可以管理多种 Hypervisor 虚拟化程序，包括 KVM、XenServer、Vmware、OVM、裸设备。

CloudStack 使用的存储类型也十分的广泛。虚拟机使用的主存储可以是计算服务器的本地磁盘，也可以是挂载光纤、NFS；存放 ISO 镜像文件及模板文件的二级存储可以使用 NFS，也可以使用 Openstack 的 Swift 组件。

CloudStack 除了支持各种网络连接方式外，其自身也提供了多种网络服务，不需要硬件设备就可以实现网络隔离、负载均衡、防火墙、VPN 等功能。

CloudStack 中的多租户可以开放给任意的用户访问和使用，所以一个首要的问题是如何保证用户数据的安全性，然后需要考虑如何保证用户申请的资源不会被其他的用户占用。对网络访问的限制，可以通过网络架构的设计以及防火墙和安全组的功能实现，这可以说是 CloudStack 的一大特点。对资源的限制也是 CloudStack 全面支持的功能：在管理界面上直接将资源自定给某个用户或者用户组，或者通过标签的方式标记某些资源，就可以根据用户和应用场景的需求分开使用了。管理上的灵活性，可以很方便地支持和兼容更多的用户需求和应用场景。

1.1.4 CloudStack 系统的主要组成部分

从物理设备相互连接的角度看，CloudStack 的结构其实很简单，可以抽象的理解为：一个 CloudStack 管理节点或者集群，管理多个可以提供虚拟化计算能力的服务器，服务器使用外接磁盘或者内置存储。

登录 CloudStack 的 WEB 界面，在区域管理界面内可以找到如图 1-4 所示的架构图。（需要首先创建相应的网络架构）

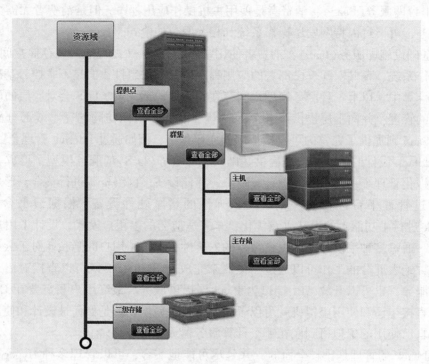

图 1-4　CloudStack 区域管理架构图

通过图中描述，可以很好地理解 CloudStack 各个部件之间的关系，其中资源域（Zone）、提供点（Pod）、集群（Cluster）属于逻辑概念，既可以对照实际环境进行理解，也可以根据需求灵活配置使用。

1. 管理服务器（Management Server）

管理服务器是 CloudStack 云管理的核心，整个 IaaS 平台的工作统一汇总在管理服务节点中进行处理。管理服务节点接收用户和管理员的操作请求并进行处理，同时将其发送给相应的计算节点或者系统虚拟机进行执行。管理节点会在 MySQL 数据库中记录整个 CloudStack 系统的所有信息，并监控计算节点、存储及虚拟机的状态，以及网络资源的使用情况，从而帮助用户和管理员了解整个系统各个部分目前的运行情况。

CloudStack 的管理程序是用 Java 语言进行编写的，前端界面是使用 JavaScript 语言编写的，做成了 Web APP 的形式，通过 Tomcat 这个容器对外发布。由于 CloudStack 采用了集中式管理结构，所有的模块都封装在管理节点的程序中，便于安装和管理。在安装的过程中，使用几条命令就可以完成管理程序的安装，所以在节点上只需要分别安装管理服务程序、MySQL 数据库和 Usage 服务程序(可选)即可。

➤ 管理服务程序：基于 Java 语言进行编写，包括 Tomcat 服务、API 服务、管理系统工作流程的 Server 服务、管理各类 Hypervisor 的核心服务等组件。

➤ MySQL 数据库：记录 CloudStack 系统中的所有信息。

➤ Usage 服务程序：主要负责记录用户使用各种资源的情况，为计费提供数据，所以当不需要计费功能时可以不安装此程序。

CloudStack 设计中还有一个优点，就是管理服务器本身并不记录 CloudStack 的系统数据信息，而是全部存储在数据库中。所以，当管理服务程序停止或者节点宕机，所有的计算节点、存储以及网络功能会在维持现状的情况下继续正常运行，只是可能无法接受新的请求，用户所使用的虚拟机仍然可以在计算服务器上保持正常的通信和运行。

CloudStack 管理服务器的停止并不影响平台的工作，但是数据库就不一样了。MySQL 数据库记录的是整个云平台的全部数据，因此，在使用过程中一定要注意保护数据库。最好的解决办法是为数据库搭建一个实现同步的从数据库，如果主数据库出现故障，只要手动进行切换，在做好 MySQL 数据库备份的情况下，恢复整个系统的正常运行是可以实现的。因此，保护好数据库中的数据、维持数据库的稳定运行是非常重要的。

2. Zone(区域)

区域是 CloudStack 配置中最大的组织单元。一个区域通常代表一个单独的数据中心。将基础架构设施加入到区域中的好处是提供物理隔离和冗余。例如，每个区域可以有它自己的电源和网络上行链路，区域还可以分布在不同的物理位置上(虽然这不是必需的)。

一个区域中包含一个或多个机架，每个机架包括一个或多个集群主机或者一个或多个主存储服务器以及所有区域中的机架所共享的二级存储。为了达到网络性能最优以及资源的合理使用，对于每一个 Zone，管理员必须合理分配机架的个数以及每个机架中放置多少个集群。

Zone 对终端用户是可见的。当用户启动一个客户虚拟机的时候，必须为它选择一个Zone。用户必须复制他们私有的模板到追加的 Zone 中，以便在那些 Zone 中可以利用他们的模板创建客户虚拟机。

Zone 可以是私有的也可以是公共的。公共的 Zone 对所有用户都是可用的，因此任何用户都可以在公共区域中创建客户虚拟机。私有的 Zone 是为一个指定的用户预留的，只有在那个域中或者子域中的用户才可以创建客户虚拟机。

位于同一个 Zone 中的主机可以相互访问而不用通过防火墙，位于不同 Zone 中的主机可以通过静态配置 VPN 通道相互访问。

3. Pod(提供点)

一个 Pod 代表一个单独的机架，位于同一个 Pod 下的主机处于相同的子网中。

在 CloudStack 配置中，Pod 是第二大的组织单元。Zone 中的 Pod 是独立的，每个 Zone 可以包含一个或多个 Pod。Pod 对终端用户是不可见的。

一个 pod 包含一个或多个集群主机，包含一个或多个主存储服务器(primary storage

9

servers）。

4. Cluster(集群)

集群为 CloudStack 提供一种高效方式来管理主机。集群中的所有主机拥有相同的硬件配置，运行相同的 Hypervisor 虚拟机管理程序，位于相同的子网，访问同一个共享的主存储。虚拟机实例可以动态地从一台主机迁移到集群中的另一台主机，不用中断对用户的服务。

集群是 CloudStack 配置中第三大的组织单元。集群被包括在机架(Pod)中，机架被包括在区域(Zone) 中。集群的大小受潜在的虚拟机管理程序限制，虽然大部分情况下 CloudStack 建议数目要小一些。CloudStack 中不限制集群的数量，但由于提供点所划分的子网范围有限，所以提供点内的集群和主机的数量是不会完全无限制的。

一个集群包括一个或多个主机，一个或多个主存储服务器(primary storage servers)。

5. Host(宿主机)

宿主机是一台单独的计算机，宿主机提供计算资源运行客户虚拟机。每个宿主机配置有虚拟机管理软件来管理客户虚拟机。例如，一个 Linux KVM 服务器、一个 Citrix XenServer 服务器，或者一个 ESXi 服务器都是宿主机。

宿主机是 CloudStack 配置中最小的组织单元。区域包含机架，机架包含集群，集群包含宿主机。

CloudStack 环境中的宿主机主要提供以下的功能：
➢ 提供虚拟机需要的 CPU、内存、存储和网络资源；
➢ 用高带宽的网络互联同时连接到 Internet。
CloudStack 环境中的宿主机主要具有以下特点：
➢ 可能驻留在位于不同地理位置的多个数据中心；
➢ 可能拥有不同的容量(不同的 CPU 速度、不同数量的内存等)；
➢ 添加的宿主机可以在任何时候被添加用来为客户虚拟机提供更高的能力；
➢ CloudStack 自动地发现宿主机提供的 CPU 数量和内存资源；
➢ 宿主机对终端用户是不可见的，终端用户不能决定哪些主机可以分配给客户虚拟机。

在 CloudStack 中运行一个宿主机，必须在宿主机上配置虚拟机管理软件，同时分配 IP 地址给宿主机并且要确保宿主机已经链接到 CloudStack 管理服务器。

CloudStack 可以兼容绝大多数的硬件设备，其实就是指所使用的绝大多数硬件设备能被 Hypervisor 虚拟机管理程序兼容。在安装 Hypervisor 虚拟机管理程序之前需要确保该服务器所使用的 CPU 能够支持虚拟化技术，并且在 BIOS 中开启了 CPU 对虚拟化技术的支持功能(由于在本书的实验平台中已经实现了二次虚拟化技术，因此读者可以直接在平台分配的虚拟机中进行相应的实验，不需要额外的配置)。

6. Primary Storage(主存储)

主存储和一个集群联系在一起，而且它存储了位于那个集群宿主机中的所有虚拟机的磁盘卷。你可以为一个集群添加多个主存储服务器，但是至少要保证有一个。通常情况下，主存储服务器越靠近宿主机其效能将会越好。主存储分为两种，分别是共享存储和本地存储。

共享存储一般是指独立的存储设备，它允许对所属集群中的所有计算节点进行访问，集中存储该集群中所有的虚拟机数据。使用共享存储可以实现虚拟机的在线迁移和高可用性。

本地存储是指使用计算节点内置的磁盘存储虚拟机的运行数据，可以使虚拟机磁盘拥有很高的读写性，但是无法解决因为主机或磁盘故障导致的虚拟机无法启动以及数据丢失等问题。

7. Secondary Storage(二级存储)

二级存储是和 Zone 关联的，它主要用来存储模板、ISO 镜像以及磁盘卷快照。

➢ 模板：可以用来启动虚拟机和包括附加配置信息(比如已经安装的应用程序)的操作系统镜像。

➢ ISO 镜像：包含数据或可引导操作系统媒介的磁盘镜像。

➢ 磁盘卷快照：可用来进行数据恢复或创建新模板的虚拟机数据的副本。

基于区域的 NFS 二级存储中的元素可以被区域中的所有主机使用。CloudStack 管理将客户虚拟机磁盘分配到特定的主存储设备上存储(所有虚拟机磁盘都是存在主存储上的)。

将占用空间大、读写频率低的数据文件作为冷数据，这些数据对于整个系统而言并不是关键数据，所以使用配置不高、最简单的 NFS 来存储就足够了，因此设立了二级存储，负责存储冷数据，只需要很低的开销就能满足相应的需求。

1.1.5 CloudStack 的架构

在上一小节介绍了 CloudStack 中所有的关键组件，在本小节将会介绍 CloudStack 管理平台是如何将这些组件进行统一管理，并使它们相互协作进行工作的。

用户通过 Web 界面进行登录，CloudStack 的前端界面和后端管理程序使用了目前最流行的做法：RESTful 风格的 API 来实现。用户所使用的 Web 界面上的任意功能都由 Web 转移为 API 命令发送给 API 服务，API 服务接受请求后交由管理服务进行处理，然后根据不同的功能将命令发送给计算节点或者系统虚拟机去执行，并在数据库中进行记录，处理完成后将结果返回前台界面。

在 CloudStack 中，管理服务通过调用设备所开放的 API 命令来管理物理基础设施，如 XenServer 的 XAPI、vCenter 的 API。而对于不方便直接调用 API 的设备(如 KVM)，则会采取安装代理的方式进行管理。

对于存储设备，CloudStack 并不直接对其进行管理，在上一小节介绍过存储，存储有两种角色，它们分别提供了不同的功能：

➢ 主存储通过调用计算节点所使用的 Hypervisor 程序进行管理，如在存储上创建磁盘或者执行快照等功能(创建磁盘、执行快照等功能将在第三章进行深入介绍)，其实都是通过调用 Hypervisor 程序的 API 来进行的。这样做的优点是，Hypervisor 程序支持什么类型的存储，CloudStack 就能直接进行配置和使用而不需要进行更多的兼容性开发；缺点是，最新的存储技术(如分布式存储)将无法在已经成型的商业产品中得到支持。虽然使用 KVM 在理论上可以使用各种新的分布式存储技术，但是使用效果是否满足虚拟化生产

11

的需求，还无法定论。

➢ 二级存储是一个独立的存在，它不在某一个计算节点或集群的管理下，在 CloudStack 架构中有二级存储虚拟机挂载此存储进行管理的设计，具体方式会在后面介绍。

在 CloudStack 中，系统虚拟机是一个重要的组成部分，会承担很多重要的功能。CloudStack 的系统虚拟机有三种，分别是二级存储虚拟机(Secondary Storage VM)、控制台虚拟机(Console Proxy VM)和虚拟路由器(Virtual Router VM)。

系统虚拟机有特别制作的模板，只安装必备的程序用以减少系统虚拟机所消耗的资源，安装较新的补丁以防止可能存在的漏洞，针对不同的 Hypervisor 程序有不同格式的模板文件，并安装支持此 Hypervisor 的驱动和支持工具来提高运行性能。CloudStack 使用同一个模板来创建虚拟机，它会根据不同角色的系统虚拟机进行特殊配置，当系统虚拟机创建完成后，每种系统虚拟机会安装不同的程序，使用不同的配置信息。

CloudStack 为了保证系统的正常运行，所有的系统虚拟机都是无状态的，不会独立保存系统中的数据，所有的相关信息都保存在数据库中，系统虚拟机内存储的临时数据也都是从数据库中读取的。所有的系统虚拟机都带有高可用性(HA)的功能。当 CloudStack 管理节点检测到系统虚拟机出现问题时，将自动重启或者自动重新创建虚拟机。管理员也可以随时手动删除系统虚拟机，系统将自动重建虚拟机。系统虚拟机对于普通用户是透明的、不可以直接管理的，只有系统管理员可以检查及访问系统虚拟机。

二级存储虚拟机(Secondary Storage VM)用于管理二级存储，每个区域内有一个二级存储虚拟机。二级存储虚拟机通过存储网络连接和挂载二级存储，直接对其进行读写操作，如果不配置存储网络，则使用管理网络进行连接。通过公共网络实现 ISO 和模板文件的上传和下载、多区域间 ISO 和模板文件的复制等重要的功能。

控制台虚拟机(Console Proxy VM)支持用户使用浏览器在 CloudStack 的 Web 界面上打开虚拟机的图形界面。每个区域默认会生成一个控制台虚拟机，当平台上有较多用户打开虚拟机的 Web 界面时，系统会自动创建多个控制台虚拟机，用以承担大量的访问，对应的配置可以在全局变量中找到。

虚拟路由器(Virtual Router VM)可以为用户提供虚拟机的多种功能，它在用户第一次创建虚拟机的时候自动创建。在基本网络里只有 DHCP 和 DNS 转发功能；在高级网络里除了 DHCP 和 DNS 功能以外，还可以实现类似防火墙的功能，包括网络地址转换、端口转发、虚拟专用网络、负载均衡、网络流量控制，以保证用户虚拟机在隔离网络中与外界通信的安全。

1.2 CloudStack 网络

1.2.1 网络即服务

说起 CloudStack，不得不提及它的网络功能。在 CloudStack 没有完全开源之前，网络功能一直是它的一大卖点。本节将详细介绍 CloudStack 的网络功能。

首先来分析一个现实中的场景：一位项目经理为了部署新的业务系统而需要配置一套 IT 基础设施资源。在传统的模式下，它需要向系统管理员提出申请，除了需要相应的服务器和存储资源外，还需要一部分网络资源。系统管理员拿到需求后，首先会分析现有的网络资源能否满足需求，如果能满足需求，管理员会选择一个合适的时机进行网络结构与配置的变更；如果不能满足需求，管理员将会申请采购，这个过程将会是很漫长的。显然这种模式是很难满足业务上的需求的。

如果这位经理为了快速获取 IT 基础设施资源，而选择了使用公有云服务，接下来所经历的将会完全不同。他只需登录自服务页面进行一些简单的配置，例如，先申请一个安全组，对安全组进行访问策略配置，申请负载均衡服务，配置公网 IP 等，只需要几分钟的时间便可以实现网络方面的所有需求。

在这里，传统的网络物理设备上增加了一个经过抽象的虚拟网络资源层，原来基于网络基础设施的繁琐工作变成了基于虚拟网络服务的简单配置，我们称这种云平台上的新的服务模式为网路即服务。CloudStack 的网络架构与功能完全依照网路即服务思想进行设计，因此最终用户可以减少很多工作量，也无需关心物理网络的所有技术细节。但是如果想部署、管理 CloudStack 云平台，依然需了解这些细节。

1.2.2 网络类型

在 CloudStack 中，物理网路的设计与拓扑是以区域为边界的，同一个区域共享一套物理网络(同一套物理网络可以让多个区域共享)。创建某一种网络类型的区域时，首先需要创建物理网络。所谓物理网络，其实是 CloudStack 中的一个基本的逻辑概念，一个物理网络将包括一种或多种类型的网络流量。

CloudStack 中的物理网络包括 4 种网络流量，分别是公共网络(Public)、来宾网络(Guest)、管理网络(Management)、存储网络(Storage)。公共网络是高级区域所独有的，在基本区域中没有公共网络的概念，可以认为来宾网络就是公共网络。CloudStack 中还有一种网络是本地链路网络(Link-Local)，这种网络只提供给系统虚拟机使用，只负责主机与系统虚拟机之间的通信。

1. 公共网络

公共网络是在高级模式下使用的一种网络流量类型，是经过隔离的私有来宾网络之间进行通信以及对外通信的共享网络空间。所有隔离的私有来宾网络均需要经过公共网络与其他私有来宾网络进行通信(同一个来宾网络下的客户虚拟机之间的通信不需要经过公共网络)，或者经过公共网络与外部网络通信。当然，在某些网络环境下，也可以直接将 Internet 网络作为公共网络使用。

2. 来宾网络

来宾网络是客户虚拟机直接使用的网络，一般属于用户的私有网络空间。每个客户创建的虚拟机都将首先接入来宾网络。在基础网络模式下，多个用户将公用一个来宾网络，彼此之间通过安全组进行隔离；在高级网络模式下，每个用户将拥有专属的来宾网络，这些来宾网络属于不同的 VLAN，彼此之间通过 VLAN 进行隔离，通过虚拟路由器的设置进行访问。

3. 管理网络

CloudStack 内部资源之间的通信需要借助管理网络进行，这些内部资源包括管理服务器发出的管理流量、服务器主机节点 IP 地址与管理服务器通信的流量、系统虚拟机的管理 IP 地址与管理服务器以及服务器主机节点 IP 地址之间的通信流量。

4. 存储网络

CloudStack 中二级存储虚拟机(SSVM)与二级存储设备(Secondary Storage)之间的通信需要借助存储网络。如果没有存储网络，默认将会使用管理网络。由于这个网络主要承担模板、快照以及 ISO 文件的复制和迁移工作，因此对于宽带的要求很高，如果条件允许可以单独设置。

5. 本地链路网络

本地链路网络只供系统虚拟机使用，默认使用 IP 地址段 169.254.0.0/24，在 CloudStack 环境搭建完成后，每个计算节点的物理机上会自动建立本地链路网络。

在系统虚拟机的创建过程中，多数的配置是无法得到的，所以设计了本地链路网络，让管理节点将配置信息传入系统虚拟机。根据安全策略，虚拟路由器无法通过管理网络或公共网络的 IP 地址对其进行直接访问，而是通过主机的这个链路来传输配置信息。

1.2.3 虚拟路由器

无论在基础网路还是高级网络中，虚拟路由器都是不可或缺的系统组件。在基本网络里，虚拟路由器负责提供来宾网络的 DHCP 和 DNS 转发功能；在高级网络里虚拟路由器除了负责 DHCP 和 DNS 功能以外，还可以实现类似防火墙的功能，包括网络地址转换、端口转发、虚拟专用网络、负载均衡、网络流量控制。虚拟路由器可以保证用户虚拟机在隔离网络中与外界通信的安全。

在默认情况下，应该为每个租户的来宾网络配置一个虚拟路由器。当租户的来宾网络创建完成后，将从来宾网络的 VLAN 资源池中获取一个预分配的 VLAN ID。当租户创建属于该来宾网络的第一个虚拟机实例的时候，CloudStack 将会首先创建该来宾网络的虚拟路由器。当虚拟路由器创建完成并正常运行后，虚拟机实例才会被创建。如果需要，租户可以创建多个属于自己的私有来宾网络，每个来宾网路会对应生成一个新的虚拟路由器。

虚拟路由器有三个网络，分别是外网，来宾网络和本地链路网络。外网的作用是提供一个外网访问 CloudStack 内部环境的门户；来宾网络保证外部访问通过虚拟路由器中转后能够到达内部的虚拟机，也为客户虚拟机提供了 DHCP 和 DNS 功能；链路本地网络用于内部的一些通信。

一个好的虚拟路由器是高度定制的系统虚拟机，默认情况下只分配 256M 内存，CPU 核心也会精简到只安装必要的服务，整个虚拟机磁盘的大小只有几百兆字节，因此单个虚拟机所占的资源很少。以下是系统虚拟机的一些信息(CloudStack 的所有系统虚拟机来自同一个模板)：

➢ 使用了 Debian 6.0 操作系统；

➢ 根据不同的模板选择安装 xen、vmware 或者 kvm，从而实现更好的性能；

➢ 为了节省开销，仅安装系统所需的程序包，如：haproxy、iptables、ipsec 等网络包，使用最新版本 JRE 保证安全和速度。

1. 2. 4 基础网络

为了了解基础网络模式的架构以及基本原理。本小节将介绍 CloudStack 基本区域（Basic Zone）的网络模式。

1. 基础网络概述

部署 CloudStack 并创建区域的时候，会有两种类型的区域供选择，分别是基础网络和高级网络模式。对于一个 IaaS 云基础架构来说，网络结构及功能是其中极为重要的部分。

基础网络是 CloudStack 中 Basic Zone 所使用的网络模式，其最主要的特点是类似于亚马逊 AWS 的扁平式网络结构。这种结构可以充分利用 IP 资源，十分适合进行大规模扩展。基础网络中所有不同的租户虚拟机将被分配到同一个网络中，并获得连续的 IP 地址，彼此之间通过安全组的方式进行隔离。

相对于高级网络模式，基础网络提供的虚拟网络服务功能较少，只能提供 DHCP 和 DNS 以及 User Data 功能，而其他的网络功能（如路由转发、负载均衡等）则需要通过外部物理网络设备实现。

2. 安全组（Security Group）

安全组是一组具有相同网络访问策略的虚拟机的集合。

在基础网络模式下，不同租户之间的安全隔离是通过安全组的方式实现的，每一个用户都拥有一个默认的安全组，当用户申请创建虚拟机后，虚拟机会被添加到默认的安全组中。同时，用户也可以根据需要创建新的安全组，并将虚拟机添加到新的安全组中。

用户可以通过配置安全组策略来控制虚拟机网络的访问。默认情况下，安全组会拒绝所有来自外部的网络流量，同时会允许所有的对外的访问流量通过。

注：如果配置了入站策略，那么相应的外部访问就会被允许；而配置了出站策略，那么除了被允许的网络访问，所有其他的对外访问都会被拒绝。

举个例子，来进一步介绍安全组的配置以及网络访问规则。用户创建了虚拟机 A，其 IP 地址为 192. 168. 30. 34，并将其添加到默认的安全组 S1 中。然后，用户又创建了新的安全组 S2，并将新建的虚拟机 B 添加到其中，其 IP 地址为 192. 168. 30. 45，那么由于安全组会拒绝所有来自外部的网络流量，此时的虚拟机 A 和虚拟机 B 之间是无法进行通信的。如果对安全组进行一些配置，那么情况将会完全不同。

在此对安全组 S2 进行如下的配置，如表 1-2 所示。

表 1-2 安全组 S2 配置项

配 置 项	配 置 参 数
协议	ICMP
ICMP 类型	−1
ICMP 代码	−1
CIDR	192. 168. 30. 0/24

按照表 1-2 对安全组 S2 进行配置后，虚拟机 A 可以通过"ping"命令访问虚拟机 B（反之不可以）。

接着对安全组 S1 进行配置，如表 1-3 所示。

表 1-3   安全组 S1 配置项

配 置 项	配 置 参 数
协议	TCP
起始端口	22
结束端口	22
CIDR	192. 168. 30. 0/24

此时，虚拟机 B 可以通过 SSH 工具登录并访问虚拟机 A。

3. 参考架构

这里通过讨论一个典型的 CloudStack 基础网络参考架构（如图 1-5 所示）进一步加深对基础网络结构的认识和理解。

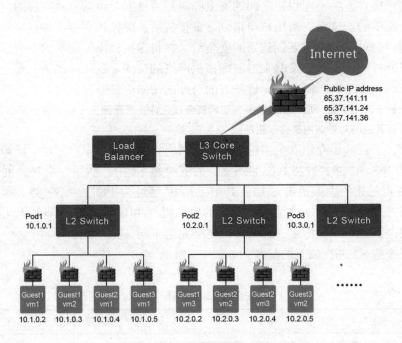

图 1-5　基础网络拓扑架构

在结构方面，所有的资源部署在一个区域中；每个区域由若干个提供点组成，由于每一个提供点的来宾网络属于一个独立的广播域，所以就为每一个提供点的来宾网络分配一

16

个子网；在提供点之下是集群，同一个提供点下的集群的来宾网络位于同一个子网内，来自不同租户的虚拟机被放置在该来宾网络内；对于每一个虚拟机，通过安全组的方式进行安全隔离。

在网络物理设备方面，为每一个提供点配置一台交换机作为接入设备使用；为整个区域配置一个组交换机作为核心交换与转发设备使用；在 Internet 与内网的边界部署防火墙设备，提供内外网之间的 NAT 转换以及网络保护；在核心交换机上可以接入负载均衡设备，为来自外部的访问请求提供负载分发服务。

1.2.5 高级网络

1. 高级网络概述

在 CloudStack 的基础网络模式具有以下的特点：

➢ 不同租户将虚拟机部署在同一个来宾网络的子网中；

➢ 虚拟机彼此之间通过安全组的方式进行访问隔离；

➢ 同一个虚拟机只能被接入一个来宾网络之内。

基础网络模式的优点是结构简单，便于应对大规模的部署和扩展，但其无法应对更加复杂的网络拓扑，同时无法提供丰富的网络服务，而高级网络模式可以弥补这些不足。高级网络架构如图 1-6 所示。

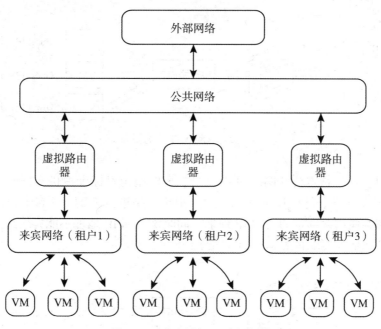

图 1-6　高级网络 VM 访问架构

在高级网络模式下，每个租户会获得一个或多个私有来宾网络，每个来宾网络都属于一个单独的 VLAN，由虚拟路由器为这些来宾网络提供网关服务。来宾网络内虚拟机的网络流量通过相应的虚拟路由器进行控制，租户可以通过控制虚拟路由器的防火墙服务来保证内部虚拟机只接受经过授权的访问，从而保证了来宾网络内虚拟机的安全性。

除了来宾网络，公共网络也是高级网络模式的重要组成部分。可以将来宾网络比喻为"房间"，那么高级网络则可以看作连接"房间"的"楼道"。很多进出来宾网络的流量都要经过公共网络进行传输。

2. 高级网络服务

高级网络可以通过虚拟路由器为来宾网络内的虚拟机提供各种高级网络服务。

当高级网络创建完成后，虚拟路由器会成为租户来宾网络的网关。而不同租户获得属于自己的私有来宾网络，之间相互隔离无法相互访问。租户私有网络内的虚拟机通过虚拟路由器的 DHCP 以及 DNS 功能在创建时自动获取 IP 地址和主机名；当需要访问公网时，虚拟机通过虚拟路由器的 NAT 功能获得私有地址到公网地址的映射。

NAT 地址映射只能提供内部对外部的访问，而当外部请求进入时，是无法访问私网内部的虚拟机的。那么当需要外部请求访问时该如何做呢？虚拟路由器除了提供 NAT 功能外，还会提供源 NAT、静态 NAT、负载均衡、端口转发、防火墙以及 VPN 功能。

源 NAT：指公共网络的 IP 地址。虚拟路由器会将来宾网络内的所有实例发起的对公共网络目标地址的请求映射到基于该公共网络 IP 地址的请求，所有虚拟机实例的对外请求都会使用该公共网络的 IP 地址(如图 1-7 所示)。虚拟路由器默认会将获得的第一个公共网络 IP 地址作为源 NAT 地址(不需要额外配置)。

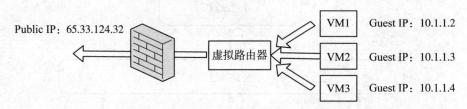

图 1-7　源 NAT 示意图

静态 NAT：用于指定公共网络的 IP 地址，同时指定目标虚拟机实例的 IP 地址(如图 1-8 所示)。可以将一个公网 IP 地址与一台虚拟机实例进行绑定，这台虚拟机的所有网络请求和访问都会使用该绑定的公网 IP 地址，同时该公网 IP 地址不能再被其他虚拟机实例使用(源 NAT 地址不能配置静态 NAT 功能)。

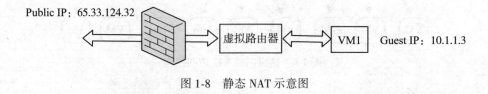

图 1-8　静态 NAT 示意图

负载均衡：用于指定虚拟路由器公网端 IP 地址及相应端口，以及负载分发的虚拟机及端口。虚拟路由器会将公共网络访问中对指定目标地址和端口的请求分发到对应的虚拟机实例的端口上(如图 1-9 所示)。CloudStack 的负载均衡服务可以配置负载均衡的分发模式,支持的分发模式有轮询、基于最少连接数、基于源地址。

图 1-9　负载均衡示意图

端口转发:指定虚拟路由器端公网 IP 地址及相应端口,以及被转发到的虚拟机及相应端口,进入的网络请求就会被转发到相应的虚拟机端口上(如图 1-10 所示)。使用端口转发功能可以将访问同一公共网络 IP 地址但被分发至不同网络端口的请求分别转发到不同的虚拟机实例上。

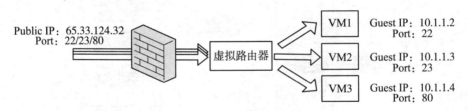

图 1-10　端口转发示意图

防火墙:出于网络安全的考虑,虚拟路由器会默认屏蔽所有对内的访问请求,同时允许所有的对外访问请求。可以通过配置防火墙策略开启需要被访问的协议及端口来进行控制(如图 1-11 所示)。

图 1-11　防火墙示意图

VPN:CloudStack 允许用户创建虚拟私有网络(VPN)访问自己位于来宾网络内的虚拟机实例。用户只要在自己的客户端设备上创建一个新的 VPN 连接,访问启用了 VPN 服务的虚拟路由器上的公共网络 IP 地址,经过身份验证后便可以建立网络加密隧道。此时用户的客户端设备将会被分配一个 CloudStack 的 VPN 客户端 IP 地址,并可以访问来宾网络内的虚拟机实例(如图 1-12 所示)。

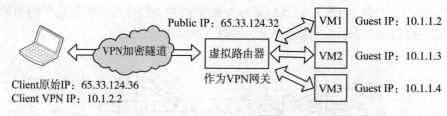

图 1-12 VPN 示意图

3. 参考架构

这里通过探讨一个 CloudStack 高级网络的参考架构，来帮助我们加深对高级网络结构的认识和理解，如图 1-13 所示。

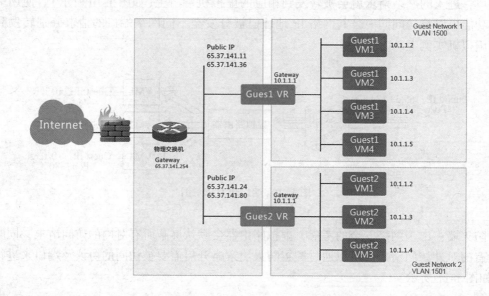

图 1-13 CloudStack 高级网络的参考架构

图 1-13 是 CloudStack 高级网络的参考架构。在区域中有两个租户，分别是 Gues1 和 Gues2，每个租户分别配置了一个来宾网络：Gues1 的来宾网络叫作 Guest Network1，VLAN ID 是 1500；Gues2 的来宾网络叫作 Guest Network2，VLAN ID 是 1501；区域的公共网络 VLAN ID 是 150。

创建来宾网络 Guest Network1，并在其上创建第一个虚拟机实例 Guest1 VM1，系统会为该来宾网络创建虚拟路由器 Guest1 VR，根据区域的 CIDR 参数的配置，这里会为虚拟路由器的内部接口分配 IP 地址 10.1.1.1，并将其作为该来宾网络内所有虚拟机实例的网关地址，同时虚拟路由器会通过 DHCP 服务为虚拟机实例 Guest1 VM1 分配 IP 地址 10.1.1.2，随后创建 Guest1 的虚拟机实例的 IP 地址会依次分配；接着创建 Guest2 的虚拟机实例 Guest2 VM1, 系统会为该来宾网络创建虚拟路由器 Guest2 VR, 根据区域的 CIDR 参数的配置, 这里会为虚拟路由器的内部接口分配 IP 地址 10.1.1.1, 并将其作为该来宾 网络内所有虚拟机实例的网关地址, 同时虚拟路由器会通过 DHCP 服务为虚拟机实例 Guest2 VM1 分配 IP 地址 10.1.1.2。

到这里其实已经完成了租户 Guest1 和 Guest2 的私有网络的创建, 并配置了虚拟路由 器作为私有网络的网关。当租户虚拟机实例互访的时候, 将在租户的来宾网络内部进行通 信; 当租户实例需要访问其他租户系统的 IP 地址时, 流量会经过虚拟路由器的 NAT 服务 将私有地址映射为一个公共网络的 IP 地址, 然后通过其他租户的虚拟路由器提供的静态 NAT、负载均衡或者端口转发服务访问目的地址。公共网络的网关地址直接指向物理交换 机, 并可以通过防火墙与 Internet 建立连接。

4. 共享型来宾网络

在一般的情况下交换机只能支持 4096 个 VLAN, 如果为每个用户的私有来宾网络都 分配一个 VLAN, 那么整个网络所能容纳的租户数将会受到极大的限制, 而且对于某些业 务来说, 并不需要将不同租户的虚拟机实例分配到不同的 VLAN 中。CloudStack 通过共享 型来宾网络解决了这个问题。

在 CloudStack 中, 按照特性将来宾网络分成了两种类型, 分别是隔离(Isolate)和共享 (Shared)。可以通过创建不同的网络服务方案来生成不同类型的网络, 如图 1-14 所示。

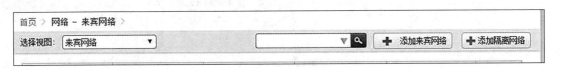

图 1-14　添加来宾网络

图中"添加来宾网络"就是指默认的共享型来宾网络(图 1-14 针对于高级网络模式)。

图 1-15 展示了一个典型的隔离(Isolate)型来宾网络架构, 每个租户的来宾网络都属于 单独的 VLAN, 并需要经过虚拟路由器和公共网络与外界进行通信。

图 1-16 展示了一个典型的共享(Shared)型来宾网络架构, 不同租户的虚拟机实例可 以部署在同一个来宾网络中并属于相同的 VLAN。虚拟路由器将不再是来宾网络的出口, 而是作为 DHCP、DNS 服务的提供者。所有属于共享(Shared)型来宾网络的虚拟机实例的 网关将直接指向物理交换机。使用共享(Shared)型的来宾网络不但可以极大地节省 VLAN 资源, 还可以与现有物理网络设备更好地结合, 以实现更加复杂的网络拓扑。

5. VPC 简介

虚拟私有云(Virtual Private Cloud, VPC)是存在于共享或公用云中的私有云(Private Cloud)。

我们知道, 对于中小型用户来说, 如果想搭建一套位于云上的生产系统, 只需直接租 用 AWS 的 EC2 计算服务, 并申请创建自己的私有网络、EIP 及安全组; 但对于规模比较 大的一些企业用户来说, 在租用 AWS 的云计算服务的同时, 还希望能对位于云上的资源

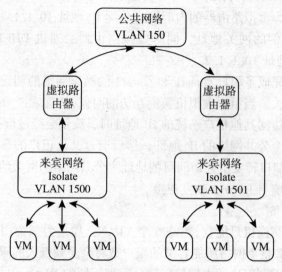

图 1-15　隔离型网络架构

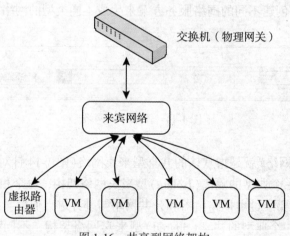

图 1-16　共享型网络架构

及自己数据中心内部的资源进行统一的访问和管理。但是基本的 EC2 和网络服务无法满足这些需求。于是 AWS 推出了 VPC 服务。使用 VPC 服务后，用户可以在自己的数据中心与亚马逊服务器中的 VPC 云资源池之间通过 Site-to-Site VPN 的方式建立加密网络隧道，使自己的数据中心直接通过 Internet 访问亚马逊的 VPC 云资源池。

在 CloudStack 网络架构出现之前，如果租户创建了多个不用的来宾网络，并且在每个来宾网络都部署了虚拟机资源，那么属于不同来宾网络中的虚拟机实例之间的相互访问将会是比较曲折的，网络流量需要经过公共网络(如图 1-17 所示)，这对用户来说，并不是最好的解决方案。

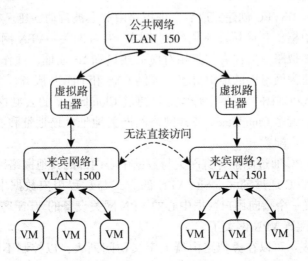

图 1-17　隔离型网络的访问方式

当 CloudStack 中增加了 VPC 特性之后，在 VPC 中由租户创建的来宾网络会同时连接到同一个 VPC 虚拟路由器，该 VPC 虚拟路由器会负责与不同"层"之间的路由器进行通信，因此租户内部的网络流量不需要再经过公共网络(如图 1-18 所示)，这无疑是一种更加合理的网络方案。

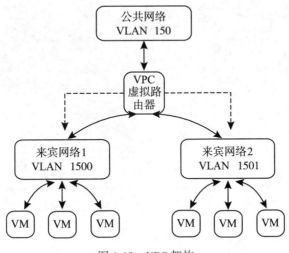

图 1-18　VPC 架构

一个 VPC 由以下八个部分组成：

➤ VPC：VPC 扮演了容器的角色，其中包含租户的多个相互隔离的来宾网络。虚拟路由器让这些来宾网络之间可以相互通信。

➤ 网络层：代表租户的一个来宾网络，每一个网络层作为一个隔离的网络都有自己

23

的 VLAN ID 和 CIDR。

➤ 虚拟路由器：在 VPC 创建完成后，虚拟路由器会被自动创建。在 VPC 中，虚拟路由器是访问网络的中枢，它连接着不用的网络层、专有网关、VPN 网关和公共网络。对于每一个网络层，虚拟路由器都有与其相对应的接口和 IP 地址，并作为该网络层的默认网关。虚拟路由器还为网络层的虚拟机实例提供 DNS 和 DHCP 服务。

➤ 公共网关：VPC 中的虚拟机实例需要通过 CloudStack 的公共网络访问外部网络。这里的公共网关地址就是 CloudStack 公共网络的网关地址，该地址将在 VPC 创建的时候被自动创建，无须用户配置。

➤ 专有网关：VPC 通过添加专有网关与数据中心内部的其他网络区域进行通信。

➤ VPN 网关：VPC 通过 Site-to-Site VPN 的方式与远程用户数据中心网络建立连接。在 CloudStack 中配置一个指向用户数据中心的 VPN 网关设备的 VPN 客户网关，之后就可以在 VPC 中建立并配置 VPN 网关了。

➤ 访问控制列表：可以在虚拟路由器上定义访问列表，以控制不同网络层之间及网络层与外部网络之间的网络流量。访问控制列表可以对所有进出网络层的 IP 地址范围、网络端口范围、网络协议进行限制。

➤ 负载均衡：VPC 可以对网络层中的虚拟机实例提供负载均衡服务。

2 CloudStack 的安装

本章介绍 CloudStack 安装过程，通过本章的学习可以清楚地了解 CloudStack 的工作机理，以及如何创建基础网路模式和高级网络模式。

本书安装实例所使用的操作系统是 CentOS 6.5，所使用的 CloudStack 版本是 4.5.1，计算节点所使用的虚拟化管理程序是 KVM(Kernel-based Virtual Machine)。

2.1 CloudStack 安装

2.1.1 CentOS 安装

在安装 CloudStack 之前，首先需要安装 CentOS 6.5 操作系统，这里选择安装最小桌面版。安装过程如下所示(在此需要通过 CentOS 6.5 的 ISO 镜像为用户分配一台虚拟机实例，内存为 1G，CPU 为 1GHz，分配的硬盘大小为 15G)：

1. 首先进入安装界面，选择第一个选项，安装或升级现有的系统，如图 2-1 所示。

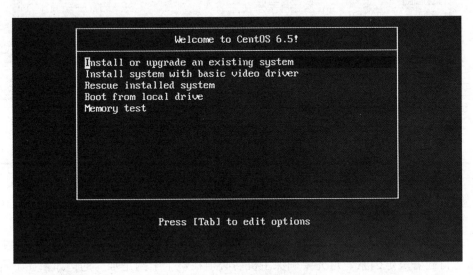

图 2-1　CentOS 6.5 安装主界面

2. 当要求选择是否检查媒介的时候，选择跳过即可，如图 2-2 所示。
3. 当要求选择语言以及键盘的时候，选择中文简体以及美国英语式，如图 2-3 所示。

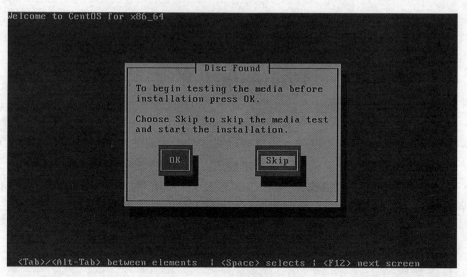

图 2-2　跳过检查媒介

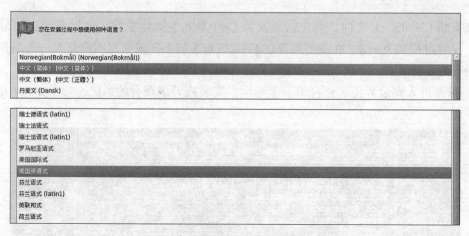

图 2-3　选择语言和键盘模式

4. 当要求选择安装的存储设备时，选择"基本存储设备"，在接下来的警告提示界面，选择"忽略所有数据"，如图 2-4 所示。

5. 接下来进入主机名与网络设置界面。

这是系统安装过程中最为重要的一个步骤，主机名的设置以及网络的设定对于主机能否正常运行起着决定因素。首先要确保主机名必须在整个子网是唯一的，如果在子网中出现相同的主机名，CloudStack 的运行将会出现莫名的错误；主机名设置完成后，选择"配置网络"选项(如图 2-5 所示)，进入网络连接界面(如图 2-6 所示)，选中"System eth0"设备并进入"编辑"界面(如图 2-7 所示)，将连接选项中的"自动连接"选中；接下来选择"Ipv4 设置"选项卡(如图 2-8 所示)，在"方法"下拉列表中选择"手动"，点击"添加"按

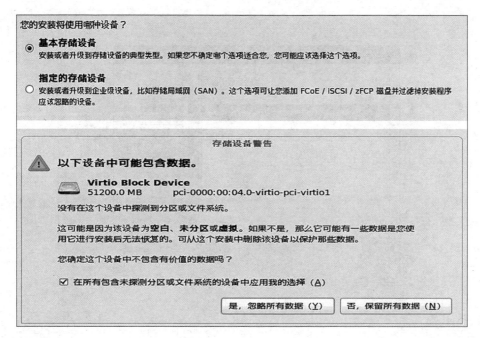

图 2-4 选择存储模式

钮，为"System eth0"设备绑定一个 IP 地址，其中"地址"为本机的 IP 地址，可以通过智学云的虚拟机管理界面进行查询；在 DNS 服务器中，填入相应的 DNS 地址，点击"应用"，然后关闭界面即可。

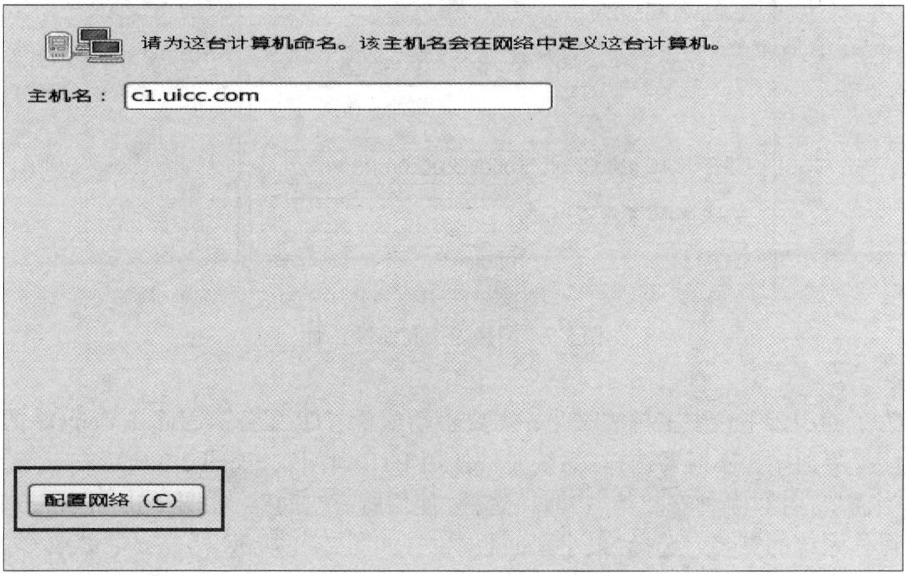

请为这台计算机命名。该主机名会在网络中定义这台计算机。

主机名：c1.uicc.com

配置网络（C）

图 2-5 配置网络界面

图 2-6　网络连接和编辑界面

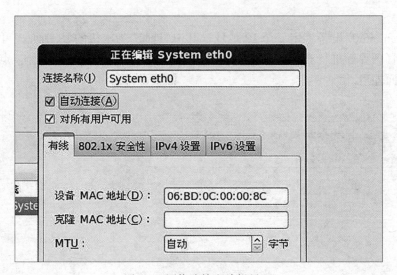

图 2-7　网络连接和编辑界面

6. 为了同步云平台中主机的时间，需要手动配置 NTP 服务。因此在 CentOS 的安装过程的"时区"界面中，不需要选择"系统时钟使用 UTC 时间"，如图 2-9 所示。

7. 当需要选择"哪种安装类型"时，选择"使用所有空间"，如图 2-10 所示。

8. 操作系统的安装，选择"最小桌面版本"，如图 2-11 所示。

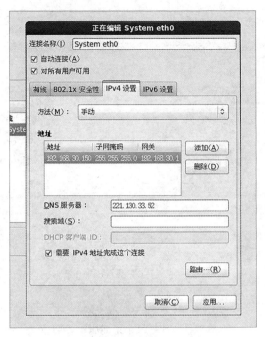

图 2-8　Ipv4 设置界面

图 2-9　"时区"选择界面

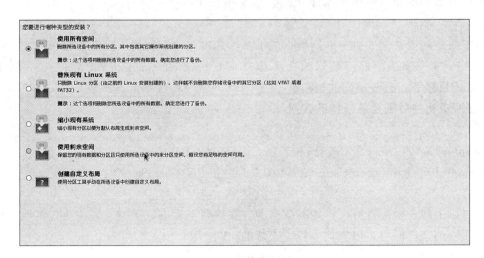

图 2-10　安装类型界面

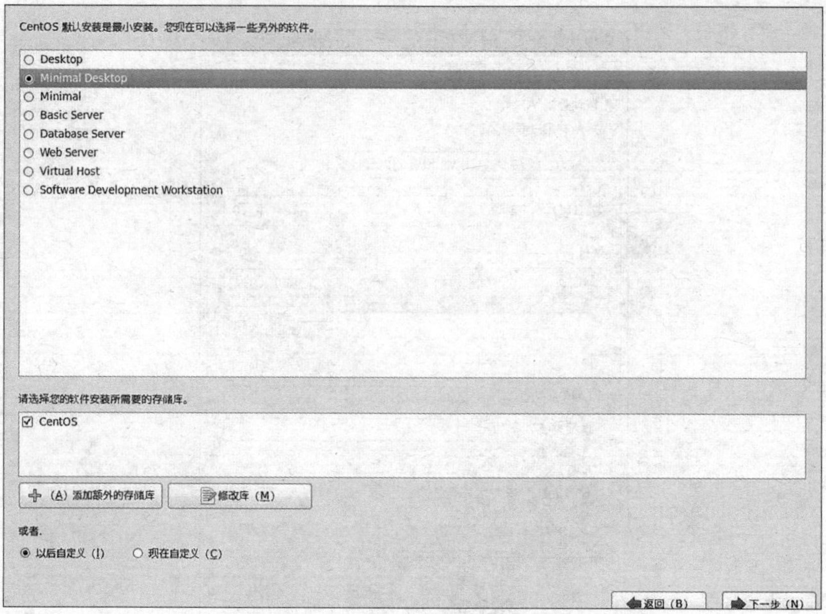

图 2-11　选择最小桌面版本界面

注： Cloudstack 管理节点的操作系统安装最小桌面版，计算节点的操作系统可以安装最小版。当然为了实验方便，可以在一台主机上同时安装管理节点服务和计算节点服务。

9. 等待安装完成，大约需要 20 分钟。然后选择"重新引导"，一个全新的系统就安装完毕了。

2.1.2　管理节点安装

管理节点的安装这里使用模板"CloudStack 模板 1"进行，建议分配一台 1GHz CPU 以及 1G 内存的虚拟机。

由于系统的安装需要进行联网数据的下载，速度将会非常慢，因此在模板"CloudStack 模板 1"中，本书实验已经将数据源文件 CentOS-6.5.iso 和 cloudstack-4.5.1.iso 放到了"/usr/local/"目录下，打开桌面的"终端"，通过以下命令将数据源挂载到"/media/"目录下（重启虚拟机实例后需要重新挂载数据源）。

```
mount-o loop /usr/local/CentOS-6.5.iso /media/CentOS/
mount-o loop /usr/local/cloudstack-4.5.1.iso /media/CloudStack/
```

通过以上命令就配置好了本地的数据源，在执行下面的安装时只需要通过本地的数据源安装相应的文件即可，极大地节省了安装的时间。

1. 配置网络

使用 vi 编辑 ifcfg-eth0 文件：

vi /etc/sysconfig/network-scripts/ifcfg-eth0

按键盘中的"i"键，进行文档的修改，"Esc：wq！"，保存退出文档。

将相应字段修改添加为如表 2-1 中内容，显示修改结果如图 2-12 所示。

表 2-1   管理节点安装网络配置参数

配 置 参 数	修 改 说 明
NM_CONTROLLED＝no	［需要修改］
ONBOOT＝yes	［需要修改］
BOOTPROTO＝none	［需要修改］
IPADDR＝192. 168. 30. 178	［需要添加为你的 IP］
NETMASK＝255. 255. 255. 0	［需要添加为你的掩码］
GATEWAY＝192. 168. 30. 1	［需要添加为你的网关］
DNS1＝221. 130. 33. 52	［需要添加为 DNS1］
DNS2＝221. 130. 33. 60	［需要添加为 DNS2］

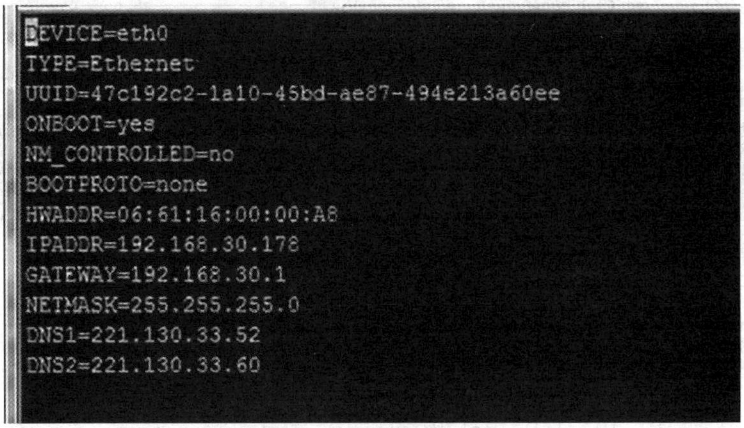

图 2-12　相应字段修改结果

运行下面的命令，将网络服务进程 network 配置为开机即启动：

chkconfig network on

运行下面的命令，重启网络服务进程：

```
service network restart
```

因为 CloudStack 系统运行过程中可能需要访问外网操作，因此需要服务器可以正常联网。使用一个外网地址测试是否可以访问外网，如图 2-13 所示。如果访问不了，则需要重新检查网络的设置是否正确(如果只是为了进行安装实验，可以不用访问外网)。

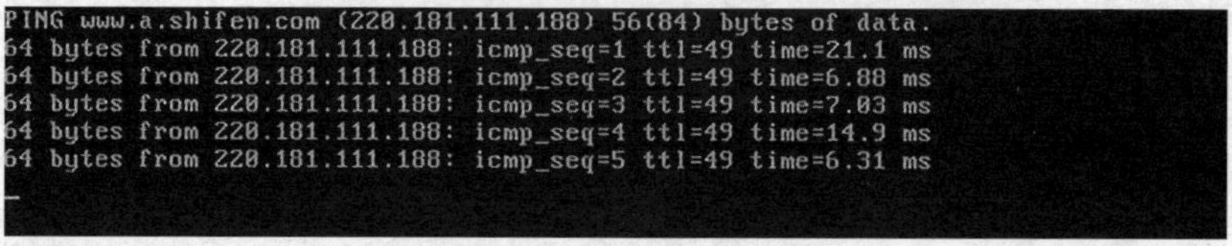

```
PING www.a.shifen.com (220.181.111.188) 56(84) bytes of data.
64 bytes from 220.181.111.188: icmp_seq=1 ttl=49 time=21.1 ms
64 bytes from 220.181.111.188: icmp_seq=2 ttl=49 time=6.88 ms
64 bytes from 220.181.111.188: icmp_seq=3 ttl=49 time=7.03 ms
64 bytes from 220.181.111.188: icmp_seq=4 ttl=49 time=14.9 ms
64 bytes from 220.181.111.188: icmp_seq=5 ttl=49 time=6.31 ms
```

图 2-13　外网连接检查测试

2. 设置主机名称

CloudStack 运行时需要获取本机名称，如无法正确获取可能导致服务无法正常启动并报一系列错误。运行以下命令检查：

```
hostname--fqdn
```

如图 2-14 所示，如无正常返回，那么：
(1)编辑 **/etc/hosts** 文件，添加主机 ip 对应的名称：

```
[root@c1 ~]# hostname --fqdn
c1.uicc.com
[root@c1 ~]#
```

图 2-14　获取主机名称

```
vi /etc/hosts
```

如图 2-15 添加 IP：192. 168. 30. 178(本机 IP)　c1. uicc. com
(2)修改主机名，编辑**/etc/sysconfig/network** 文件：

```
127.0.0.1     localhost localhost.localdomain localhost4 localhost4.localdomain4
::1           localhost localhost.localdomain localhost6 localhost6.localdomain6
192.168.30.178 c1.uicc.com
```

图 2-15　添加主机 IP 对应的名称

```
vi /etc/sysconfig/network
```

如图 2-16，添加如下HOSTNAME = c1. uicc. com

（3）编辑完成后，请重启主机。

```
NETWORKING=yes
HOSTNAME=c1.uicc.com
```

图 2-16　修改主机名称

```
reboot
```

重启过后，虚拟机实例后需要重新挂载数据源。

3. 修改 Linux 安全设置

当前的 CloudStack 需要将 SELinux 设置为 permissive 才能正常工作，所以需要改变当前配置，同时将该配置持久化，使其在主机重启后仍然生效。

在系统运行状态下将 SELinux 配置为 permissive 需执行如下命令：

```
setenforce 0
```

为确保其持久生效需更改配置文件**/etc/selinux/config**，设置 **SELINUX = permissive**，如下所示：

```
vi/etc/selinux/config
# This file controls the state of SELinux on the system.
# SELINUX = can take one of these three values：
#       enforcing-SELinux security policy is enforced.
#       permissive-SELinux prints warnings instead of enforcing.
#       disabled-No SELinux policy is loaded.
SELINUX = permissive
# SELINUXTYPE = can take one of these two values：
#       targeted-Targeted processes are protected，
#       mls-Multi Level Security protection.
SELINUXTYPE = targeted
```

4. 配置时间同步

为了同步云平台中主机的时间，需要配置 NTP 服务，但 CentOS 6.5 最小桌面版 NTP

默认没有安装。因此需要先安装 NTP，然后进行配置。可以通过以下命令进行安装：

```
yum -y install ntp
```

此操作执行完之后发现已经安装过，这里就无需多管了。

实际上 NTP 的默认配置项即可满足云平台的需求，所以仅需启用 NTP 并设置为开机启动，运行如下所示命令即可：

```
chkconfig ntpd on
service ntpd start
```

5. 更新 yum 仓库

由于需要本地数据源安装 CloudStack，因此需要更新 yum 仓库（配置 ClouStack 软件库）创建 **/etc/yum. repos. d/cloudstack. repo** 文件：

```
vi /etc/yum. repos. d/cloudstack. repo
```

添加如下信息：

```
[cloudstack]
name = cloudstack
baseurl = file：///media/CloudStack/
enabled = 1
gpgcheck = 0
```

在此安装的是本地数据源中的文件，如果想在其他的数据源安装其他版本，只需要修改"baseurl"字段的字符串即可。可以登录 CloudStack 中国社区网址查看 CloudStack 的相关版本信息。

CloudStack 中国社区网址为

http：//packages. shapeblue. com/cloudstack/

6. 安装网络存储

在 CloudStack 中，主存储可以使用本地存储，但二级存储只能使用网络存储。

CloudStack 支持多种网络存储协议，如 iSCSI、NFS、VMFS 等。由于 NFS 简单易用，推荐使用 NFS 搭建网络存储。

本书将配置使用 NFS 做为主存储和二级存储，需配置两个 NFS 共享目录，在此之前需先安装 NFS 服务，运行如下命令安装 nfs-utils：

```
yum -y install nfs-utils
```

接下来需配置 NFS，由于使用 NFS 做为主存储和二级存储，因此需要提供两个不同的挂载点。通过编辑**/etc/exports** 文件实现：

vi/etc/exports

在文件中添加下面内容：(注：'＊'和'('之间不能有空格)

/nfs/secondary ＊(rw, async, no_root_squash, no_subtree_check)
/nfs/primary ＊(rw, async, no_root_squash, no_subtree_check)

配置文件中指定了系统中两个并不存在的目录，下面需要创建这些目录并设置合适的权限，对应的命令如下所示：

mkdir/nfs
mkdir/nfs/primary
mkdir/nfs/secondary

CentOS 6.5 默认使用 NFSv4，NFSv4 要求所有客户端的域设置匹配，这里以设置 uicc.com 为例，编辑文件**/etc/idmapd. conf**：

vi /etc/idmapd. conf

请确保文件/etc/idmapd. conf 中的域设置没有被注释掉，并设置为与主机名相匹配的域(如图 2-17 所示)，命令如下：

Domain = uicc. com

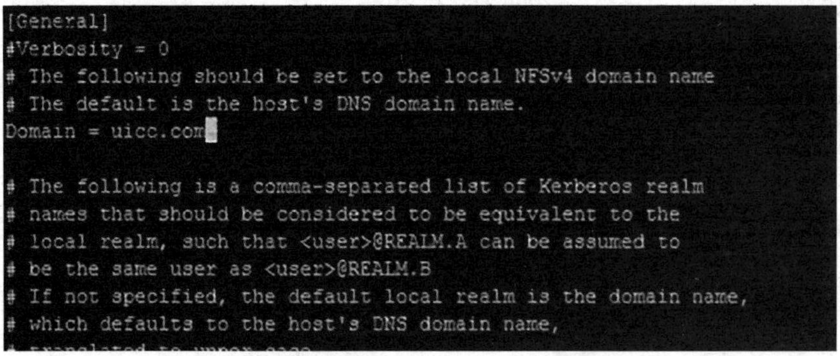

图 2-17 设置与主机名相匹配的域

进入 **/etc/sysconfig/nfs** 文件：

```
vi/etc/sysconfig/nfs
```

取消如下选项的注释：

```
RQUOTAD_PORT = 875
LOCKD_TCPPORT = 32803
LOCKD_UDPPORT = 32769
MOUNTD_PORT = 892
STATD_PORT = 662
STATD_OUTGOING_PORT = 2020
```

7. 配置防火墙策略

接下来需要配置防火墙策略，允许 NFS 客户端访问。编辑文件 **/etc/sysconfig/iptables**：

```
vi/etc/sysconfig/iptables
```

添加如下内容：

```
-A INPUT -p tcp -m tcp --dport 111 -j ACCEPT
-A INPUT -p udp -m udp --dport 111 -j ACCEPT
-A INPUT -p tcp -m tcp --dport 2049 -j ACCEPT
-A INPUT -p tcp -m tcp --dport 32803 -j ACCEPT
-A INPUT -p udp -m udp --dport 32769 -j ACCEPT
-A INPUT -p tcp -m tcp --dport 892 -j ACCEPT
-A INPUT -p udp -m udp --dport 892 -j ACCEPT
-A INPUT -p tcp -m tcp --dport 875 -j ACCEPT
-A INPUT -p udp -m udp --dport 875 -j ACCEPT
-A INPUT -p tcp -m tcp --dport 662 -j ACCEPT
-A INPUT -p udp -m udp --dport 662 -j ACCEPT
```

通过以下命令重新启动 iptables 服务：

```
service iptables restart
```

最后需要启动 NFS 服务并设置为开机自启动，执行如下命令：

```
service rpcbind start
service nfs start
chkconfig rpcbind on
chkconfig nfs on
```

8. 数据库安装和配置

在 CloudStack 中，系统的数据信息全部存放在数据库中，所以需要首先安装 MySQL，并对它进行正确的配置，以确保 CloudStack 运行正常。

运行如下命令进行 MySQL 数据库的安装：

```
yum -y install mysql-server
```

MySQL 安装完成后，需更改其配置文件**/etc/my. cnf**：

```
vi/etc/my. cnf
```

在[**mysqld**]下添加下列参数：

```
innodb_rollback_on_timeout = 1
innodb_lock_wait_timeout = 600
max_connections = 350
log-bin = mysql-bin
binlog-format = 'ROW'
```

正确配置 MySQL 后，运行以下命令进行启动并配置为开机自启动：

```
service mysqld start
chkconfig mysqld on
```

9. 安装管理节点

执行以下命令进行管理服务器的安装：

```
yum install cloudstack-management
```

由于之前已经配置了 yum 源，因此以上的安装命令会自动到指定的"baseurl"地址中下载并安装相应的文件，如图 2-18 所示。

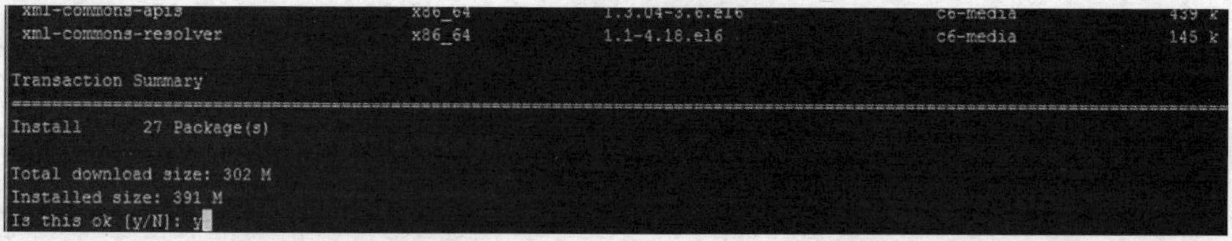

```
 xml-commons-apis              x86_64          1.3.04-3.6.el6              c6-media            439 k
 xml-commons-resolver          x86_64          1.1-4.18.el6                c6-media            145 k

Transaction Summary
================================================================================================
Install       27 Package(s)

Total download size: 302 M
Installed size: 391 M
Is this ok [y/N]: y
```

图 2-18　自动下载并安装相应文件

在程序执行完毕后，需初始化数据库，通过如下命令和选项完成：

cloudstack-setup-databases cloud：password@ localhost--deploy-as = root

当该过程结束后，可以看到类似信息：“CloudStack has successfully initialized the database”，说明数据库已经初始化成功，如图 2-19 所示。

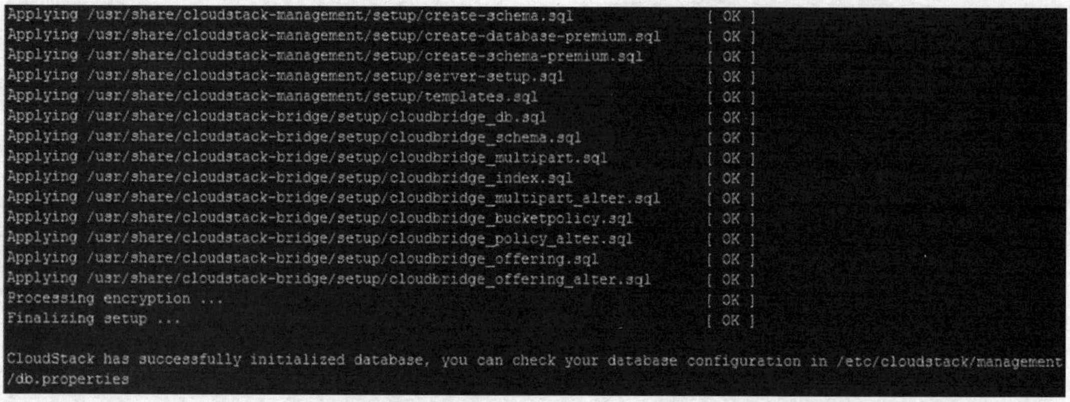

```
Applying /usr/share/cloudstack-management/setup/create-schema.sql                [ OK ]
Applying /usr/share/cloudstack-management/setup/create-database-premium.sql      [ OK ]
Applying /usr/share/cloudstack-management/setup/create-schema-premium.sql        [ OK ]
Applying /usr/share/cloudstack-management/setup/server-setup.sql                 [ OK ]
Applying /usr/share/cloudstack-management/setup/templates.sql                    [ OK ]
Applying /usr/share/cloudstack-bridge/setup/cloudbridge_db.sql                   [ OK ]
Applying /usr/share/cloudstack-bridge/setup/cloudbridge_schema.sql               [ OK ]
Applying /usr/share/cloudstack-bridge/setup/cloudbridge_multipart.sql            [ OK ]
Applying /usr/share/cloudstack-bridge/setup/cloudbridge_index.sql                [ OK ]
Applying /usr/share/cloudstack-bridge/setup/cloudbridge_multipart_alter.sql      [ OK ]
Applying /usr/share/cloudstack-bridge/setup/cloudbridge_bucketpolicy.sql         [ OK ]
Applying /usr/share/cloudstack-bridge/setup/cloudbridge_policy_alter.sql         [ OK ]
Applying /usr/share/cloudstack-bridge/setup/cloudbridge_offering.sql             [ OK ]
Applying /usr/share/cloudstack-bridge/setup/cloudbridge_offering_alter.sql       [ OK ]
Processing encryption ...                                                        [ OK ]
Finalizing setup ...                                                             [ OK ]

CloudStack has successfully initialized database, you can check your database configuration in /etc/cloudstack/management
/db.properties
```

图 2-19　数据库已经初始化成功

初始化数据库创建后，最后一步是配置管理服务器，执行如下命令后，如图 2-20 所示。

cloudstack-setup-management

```
[root@c1 CloudStack]# cloudstack-setup-management
Starting to configure CloudStack Management Server:
Configure sudoers ...         [OK]
Configure Firewall ...        [OK]
Configure CloudStack Management Server ...[OK]
CloudStack Management Server setup is Done!
```

图 2-20　配置管理服务器完成

10. 上传系统模板

CloudStack 通过一系列系统虚拟机维护整个平台的功能，如访问虚拟机控制台、提供各类网络服务以及管理二级存储中的各类资源等。因此需要获取系统虚拟机模板，用于云平台引导后系统虚拟机的部署。需要下载系统虚拟机模板，并把这些模板部署于刚才创建的二级存储中，管理服务器包含一个脚本可以正确地操作这些系统虚拟机模板：

本书安装的是 Cloudstack4.5.1，计算主机安装的是 KVM。

由于这里使用的是本地的数据源，在数据源中已经包含了系统虚拟机模板，可以通过以下命令进行虚拟机模板安装：

/usr/share/cloudstack-common/scripts/storage/secondary/cloud-install-sys-tmplt-m/nfs/secondary-f /media/CloudStack/systemvm64template-4.5-kvm. qcow2. bz2-h kvm-F

注：不同版本、不同主机管理程序，所对应的系统虚拟机的模板也是不同的，这点应该注意，不匹配将会导致系统无法正常运行。

当看到如图 2-21 信息后，说明系统虚拟机模板已经上传成功：

```
[root@c1 CloudStack]# /usr/share/cloudstack-common/scripts/storage/secondary/cloud-install-sys-tmplt -m /nfs/secondary -u
file:///media/CloudStack/systemvm64template-4.5-kvm.qcow2.bz2 -h kvm -F
file:///media/CloudStack/systemvm64template-4.5-kvm.qcow2.bz2: Unsupported scheme " file" .
File /usr/share/cloudstack-common/scripts/storage/secondary/4efa3352-267f-45c9-ad29-ffb85176940c.qcow2 does not appear to
be compressed
Moving to /nfs/secondary/template/tmpl/1/3///4efa3352-267f-45c9-ad29-ffb85176940c.qcow2...could take a while
Successfully installed system VM template  to /nfs/secondary/template/tmpl/1/3/
[root@c1 CloudStack]#
```

图 2-21　系统虚拟机模板上传成功

以上是管理服务器的安装和配置过程，虽然还有很多工作要做，但现在其实已经可以登录 CloudStack 控制台了。

要访问 CloudStack 的 WEB 界面，仅需在浏览器访问 http：//管理节点的 IP：8080/client，使用默认用户"admin"和密码"password"来登录，如图 2-22 所示。

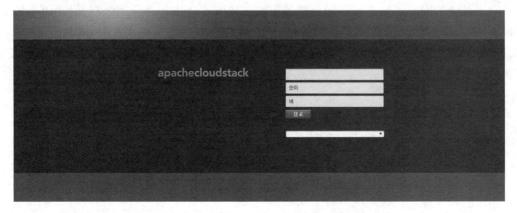

图 2-22　CloudStack WEB 登录界面

可以通过以下命令查看管理节点运行过程中的一些信息。

```
tail-100f /var/log/cloudstack/management/catalina. out
```

2.1.3 计算节点安装

1. KVM 简介

CloudStack 支持与多种虚拟化解决方案的集成，CloudStack+KVM 是最佳的黄金组合。KVM(Kernel-based Virtual Machine)是一个开源的系统虚拟化平台，自 Linux 2.6.20 之后已集成到 Linux 内核中，因为它使用 Linux 自身的调度器进行管理，所以相对于其他虚拟化解决方案而言，其核心源码很少也更加的稳定。

➢ KVM 是开源软件，全称是"Kernel-based Virtual Machine"(基于内核的虚拟机)；

➢ KVM 是 x86 架构且硬件支持虚拟化技术的 Linux 全虚拟化解决方案；

➢ KVM 包含一个为处理器提供底层虚拟化可加载的核心模块 kvm.ko；

➢ KVM 能在不改变 Linux 或 Windows 镜像的情况下同时运行多个虚拟机，并为每一个虚拟机配置个性化硬件环境；

➢ 在主流的 Linux 内核中均已包含 KVM 核心。

由于 KVM 是直接基于内核级别的虚拟化，因此其拥有简洁、高效、架构好等特点，已经被越来越多的用户使用。

注：在准备使用一台主机作为 KVM 节点进行安装和使用之前，需要进入主机 BIOS 中检查是否开启了虚拟化技术的支持。

2. 安装和配置 KVM

本书使用 KVM 作为 Hypervisor，下文将讲述如何配置 Hypervisor 主机。读者可以应用相同的步骤添加额外的 KVM 节点到 CloudStack 环境中。

计算节点的安装使用模板"CloudStack 模板 1"进行。出于服务器性能以及教学的考虑，建议分配一台 1Ghz CPU 以及 4G 内存的虚拟机，如果想要进行分配新的虚拟机的操作，建议分配 2Ghz CPU 以及 4G 内存。

由于系统的安装需要进行联网数据的下载，速度将会非常慢，因此在模板"CloudStack 模板 1"中，这里已经将数据源文件 CentOS-6.5.iso 和 cloudstack-4.5.1.iso 放到了"/usr/local/"目录下，通过以下命令将数据源挂载到"/media/"目录下(重启虚拟机实例后需要重新挂载数据源)。

```
mount-o loop /usr/local/CentOS-6.5.iso /media/CentOS/
mount-o loop /usr/local/cloudstack-4.5.1.iso /media/CloudStack/
```

通过以上命令就配置好了本地的数据源，执行下面的安装时只需要通过本地的数据源安装相应的文件即可，极大地节省了安装的时间。

(1)安装操作系统

模板"CloudStack 模板 1"已经安装了最小桌面版,需要以 root 用户登录。
(2)配置网络
使用 vi 编辑 ifcfg-eth0 文件

vi /etc/sysconfig/network-scripts/ifcfg-eth0

表 2-2　　　　　　　　　　　　　计算节点安装网络配置参数

配 置 参 数	修 改 说 明
NM_CONTROLLED = no	[需要修改]
ONBOOT = yes	[需要修改]
BOOTPROTO = none	[需要修改]
IPADDR = 192. 168. 30. 88	[需要修改为你的 IP]
NETMASK = 255. 255. 255. 0	[需要修改为你的掩码]
GATEWAY = 192. 168. 30. 1	[需要修改为你的网关]
DNS1 = 221. 130. 33. 52	[需要修改为 DNS1]
DNS2 = 221. 130. 33. 60	[需要修改为 DNS2]

将相应字段修改添加为如表 2-2 中内容,显示修改结果如图 2-23 所示。

```
DEVICE=eth0
TYPE=Ethernet
UUID=30f015ed-3c9a-435d-a790-38d127e35ef1
ONBOOT=yes
NM_CONTROLLED=no
BOOTPROTO=none
HWADDR=06:D1:92:00:00:4E
IPADDR=192.168.30.88
GATEWAY=192.168.30.1
NETMASK=255.255.255.0
DNS1=221.130.33.52
DNS2=221.130.33.60
```

图 2-23　相应字段修改结果

运行下面的命令,网络服务进程配置为开机即启动:

chkconfig network on

运行下面的命令,重启网络服务进程:

```
service network restart
```

　　由于 CloudStack 系统运行过程中可能需要访问外网操作，因此需要服务器可以正常联网。使用 ping 外网地址测试是否可以访问外网，如果访问不了，则需要重新检查网络的设置是否正确(如果只是为了进行安装实验，可以不用访问外网)。
　　(2)配置网络
　　运行以下命令检查：

```
hostname-fqdn
```

　　如无法正常返回，那么
　　① 编辑/**etc/hosts** 文件，添加主机 ip 对应的名称：

```
vi /etc/hosts
```

　　如：192. 168. 30. 88(本机 IP)　　c2. uicc. com
　　② 修改主机名，编辑文件/**etc/sysconfig/network**：

```
vi /etc/sysconfig/network
```

　　添加如下HOSTNAME = c2. uicc. com
　　③ 编辑完成后，请重启服务器。

```
reboot
```

　　重启虚拟机实例后需要重新挂载数据源。
　　(3)配置时间同步
　　为了同步云平台中主机的时间，需要配置 NTP 服务，但 CentOS 6. 5 最小版 NTP 默认没有安装。因此需要先安装 NTP，然后进行配置。可以通过以下命令进行安装：

```
yum install ntp
```

　　此处可能会发现已经安装过，无需多管。
　　设置 ntp 为开机自启动：

```
chkconfig ntpd on
```

　　启动 ntp 服务：

```
service ntpd start
```

（4）关闭防火墙
查看防火墙状态：

```
service iptables status
```

停止防火墙进程：

```
service iptables stop
```

关闭防火墙开机自启（在所有系统启动状态下都不自启防火墙）：

```
chkconfig iptables off
```

（5）修改 Linux 安全设置
当前的 CloudStack 需要将 SELinux 设置为 permissive 才能正常工作，所以需要改变当前配置，同时将该配置持久化，使其在主机重启后仍然生效。
在系统运行状态下将 SELinux 配置为 permissive 需执行如下命令：

```
setenforce 0
```

为确保其持久生效需更改配置文件/etc/selinux/config，设置 SELINUX=permissive，如下所示：

```
vi/etc/selinux/config
```

修改内容如下：

```
# This file controls the state of SELinux on the system.
# SELINUX= can take one of these three values：
# enforcing-SELinux security policy is enforced.
# permissive-SELinux prints warnings instead of enforcing.
# disabled-No SELinux policy is loaded.
SELINUX=permissive
# SELINUXTYPE= can take one of these two values：
# targeted-Targeted processes are protected，
# mls-Multi Level Security protection.
SELINUXTYPE=targeted
```

（6）安装 KVM 代理

由于需要进行 KVM 代理安装，因此需要更新 yum 仓库（配置 CloudStack 软件库）。创建**/etc/yum. repos. d/cloudstack. repo** 文件：

```
vi/etc/yum. repos. d/cloudstack. repo
```

并添加如下信息（在此安装的是本地数据源中的文件，如果想在其他的数据源安装其他版本，只需要修改"baseurl"字段的字符串即可）：

```
[cloudstack]
name=cloudstack
baseurl=file：///media/CloudStack/
enabled=1
gpgcheck=0
```

管理主机中安装的管理服务是 CloudStack4. 5. 1 版本，因此计算主机必须和管理主机相匹配，否则系统将无法正常运行。

yum 源配置好后，安装 KVM 代理仅仅需要一条简单的命令：

```
yum install cloudstack-agent
```

安装中途遇到选择（Y/N）时，选择 Y，如图 2-24 所示。

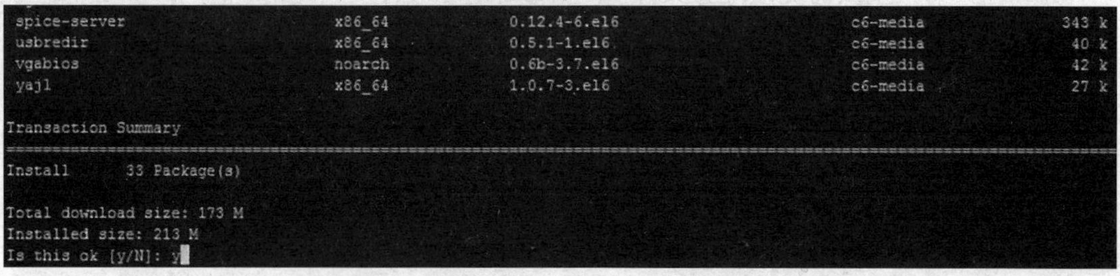

图 2-24 安装 KVM 代理

（7）配置 KVM

KVM 中有两部分需要配置，QEMU 和 Libvirt。

配置 QEMU：KVM 的配置项相对简单，仅需配置一项。编辑 QEMU VNC 配置文件/**etc/libvirt/qemu. conf**

```
vi/etc/libvirt/qemu. conf
```

并取消如下行的注释：

vnc_listen = "0. 0. 0. 0"

配置 Libvirt：CloudStack 使用 Libvirt 管理虚拟机，因此正确的配置 Libvirt 至关重要。Libvirt 属于 cloudstack-agent 的依赖组件。

为了实现动态迁移，Libvirt 需要监听使用非加密的 TCP 连接。还需要关闭 Libvirts 尝试使用组播 DNS 进行广播。这些都是在/etc/libvirt/libvirtd. conf 文件中进行配置。

编辑**/etc/libvirt/libvirtd. conf** 文件：

vi/etc/libvirt/libvirtd. conf

将下列参数前的"#"去掉，并修改为下列相应的值：

listen_tls = 0
listen_tcp = 1
tcp_port = "16059"
mdns_adv = 0
auth_tcp = "none"

仅仅在 libvirtd. conf 中启用"listen_tcp"还不够，还必须修改/etc/sysconfig/libvirtd 中的参数：

vi/etc/sysconfig/libvirtd

取消如下行的注释：

LIBVIRTD_ARGS = "--listen"

重启 libvirt 服务：

service libvirtd restart

KVM 配置完成
运行如下命令查看是否安装成功，如图 2-25 所示。

lsmod ｜ grep kvm

到目前为止，准备工作已经完成了。接下来就可以在管理节点的 WEBUI 中顺利添加这台受控主机了。操作方法非常简单，CloudStack 中有一个非常友好的向导，可以帮助正确完成主机的添加。

```
[root@c2 ~]# lsmod | grep kvm
kvm_intel              54285  0
kvm                   333172  1 kvm_intel
```

图 2-25 查看是否成功安装

可以通过以下命令查看计算节点运行过程中的一些信息(如果计算主机还没有被任何管理主机添加, 则/var/log/cloudstack/agent/cloudstack-agent. out 文件是不存在的)。

tail-100f /var/log/cloudstack/agent/cloudstack-agent. out

2.1.4 使用向导创建区域

首次登录 CloudStack 管理节点的 WEBUI 界面, 将会有一个非常友好的向导, 以帮助正确完成区域的创建等操作。

接下来介绍如何使用 CloudStack 管理节点的 WEBUI 界面向导创建区域。

本书中管理节点所使用的 IP 地址是 192. 168. 30. 178, 因此通过访问以下网址登录 WEBUI 界面(初始账户是"admin", 密码是"password"), 登录后的页面如图 2-26 所示, 在此选择"继续执行基本操作", 将会进入向导引导操作。

http: //192. 168. 30. 178: 8080/client/

图 2-26 管理节点登录后的页面

1. 首先，需要更改系统的初始密码，如图 2-27 所示。

图 2-27　更改系统的初始密码

2. 紧接着，会在向导的指引下开始创建资源域，如图 2-28 所示，其中"＊"是必须要填写的，DNS1 填写你的 DNS 地址，内部 DNS 填写本地的网关地址。

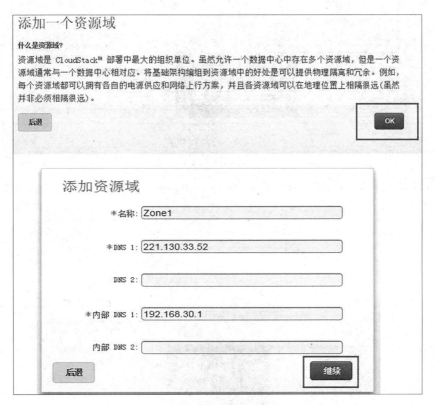

图 2-28　开始创建资源域

3. 添加提供点，如图 2-29 所示(IP 范围一定要与计算主机的 IP 地址在相同的子网内)。

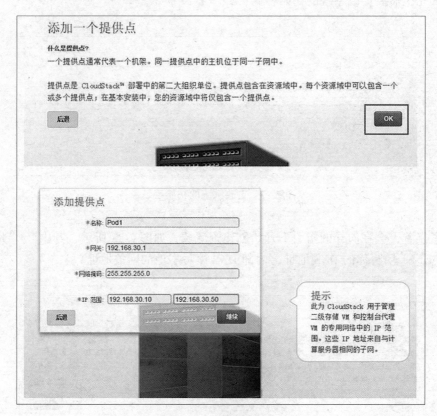

图 2-29　添加提供点

4. 添加来宾网络，如图 2-30 所示。

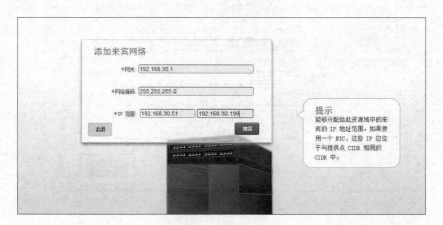

图 2-30　添加来宾网络

5. 添加集群，如图 2-31 所示，由于使用的是 KVM 主机，因此"虚拟机管理程序"选择"KVM"。

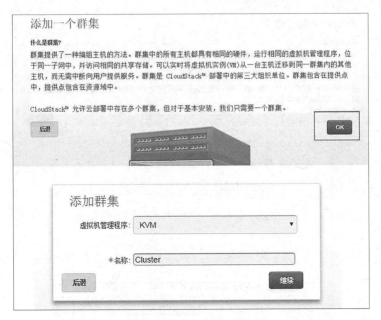

图 2-31　添加集群

6. 添加主机, 如图 2-32 所示(主机名称是计算主机的 IP 地址)。

图 2-32　添加主机

7. 添加主存储, 如图 2-33 所示(由于主存储和二级存储使用的是管理节点的存储空间, 因此服务器地址需要填写管理节点的 IP 地址)。

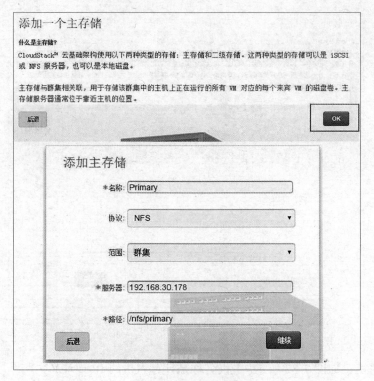

图 2-33　添加主存储

8. 添加二级存储，如图 2-34 所示。

图 2-34　添加二级存储

注：如果在添加的过程中，出现无法添加主机或者主存储等问题，可以尝试重启管理节点服务，并重启计算主机。

9. 添加完成后，就可以启动区域了，如图 2-35 所示，在启动的过程中，如果出现错误，系统会引导进行修改，直到修正为止。

图 2-35　启动区域

10. 区域启动成功后，在管理界面上可以看到所添加的所有资源信息，如图 2-36 所示。

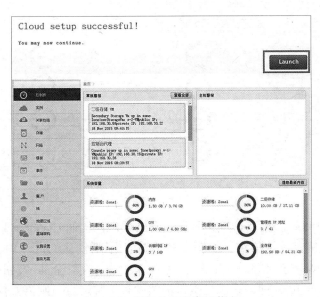

图 2-36　添加的所有资源信息

以上是根据用户向导创建一个区域的步骤，此时创建的区域属于基础网络模式，关于如何使用以及如何创建高级网络模式，在 2.2.5 小节中将会详细介绍。

2.2 系统运行的初步检查

当完成区域的创建并启动之后，各项功能的运行是否正常，规划的架构是否正确，都需要进行一系列的验证检查。只有确定系统运行正常之后，才能进行更多的与 CloudStack 的管理和使用相关的操作。

本节将针对以上创建的基础网络区域来进行探讨，以讨论系统运行的初步检查。

2.2.1 检查物理资源

完成区域的创建并启动之后，可以在 CloudStack 中检查物理资源的数量，确认显示的物理资源容量与实际的物理资源是否有出入。

1. 登录 CloudStack 管理界面，在左边选中"控制板"选项，在界面的右下部分将会显示"系统容量"的相关信息，如图 2-37 所示。在系统容量列表检查所有的系统容量与实际容量是否相同，如 CPU、内存、主存储容量、IP 地址数量等。

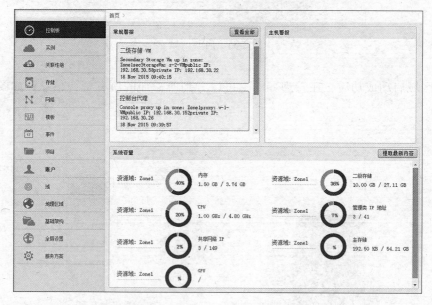

图 2-37　登录 CloudStack 管理界面

2. 在左边选中"基础架构"选项，可以查看区域内包含的 CloudStack 平台管理资源域、提供点、集群、主机等数量信息，如图 2-38 所示。刚刚创建的区域中，系统 VM 可能还没创建好，需要稍等一段时间。可以点击"系统 VM"的"查看全部"按钮检查系统虚拟机的状态。如果等待超过 10 分钟，系统虚拟机仍然没有正常运行，则需要检查相应的原因了。

3. 单击"资源域"内的"查看全部"按钮，然后单击已经创建的资源域名称（Zone1），

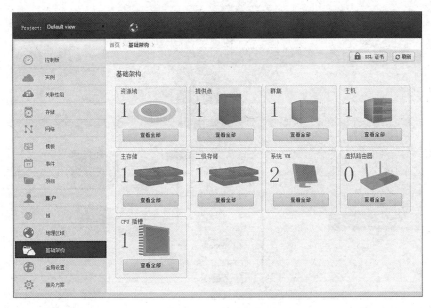

图 2-38 基础架构

进入如图 2-39 所示的界面。

图 2-39 资源域信息

4. 在"计算与存储"选项卡下，可以看到 CloudStack 各部分之间的关系，单击"查看全部"可以查看相关信息，如图 2-40 所示。

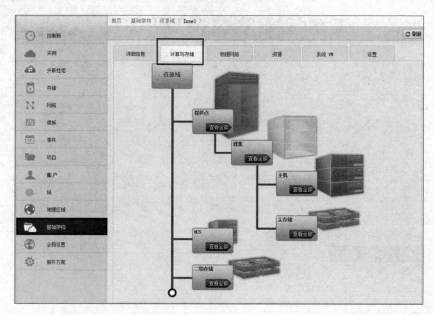

图 2-40　CloudStack 各部分之间的关系图

5. 在"物理网络"一栏中可以看到在创建区域的时候所建立的物理网络，单击物理网络标签可以查看相关的信息，如图 2-41 所示。

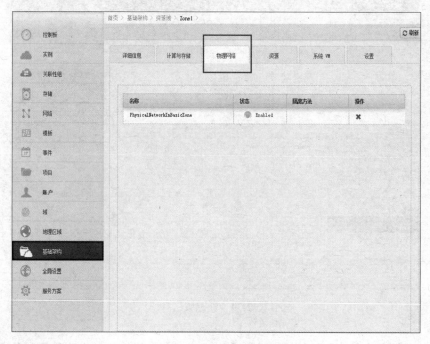

图 2-41　物理网络信息

6. 在"资源"选项卡下，可以检查本区域相关资源的容量，如图 2-42 所示。如果"二级存储"一栏显示为零，则可能是二级存储虚拟机存在问题，需要进行相关的排查。

图 2-42　资源信息

7. 在"系统 VM"一栏可以查看 CloudStack 系统自动创建的两个系统虚拟机，分别是二级存储虚拟机和控制台虚拟机，如图 2-43 所示。

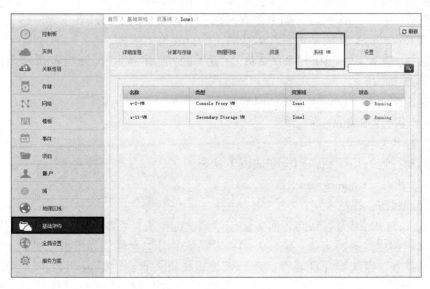

图 2-43　系统 VM 列表

8. 在"设置"选项卡中，将会进行对区域内的一些变量的设置，如图 2-44 所示。

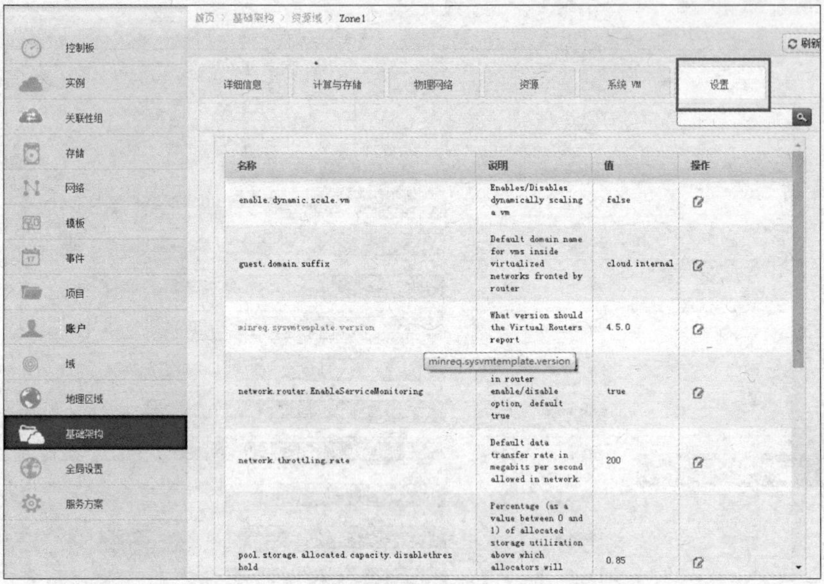

图 2-44　变量设置

2.2.2　检查系统虚拟机

系统虚拟机的运行状态是否正常是非常关键的。根据上文的介绍，二级存储虚拟机和控制台虚拟机都承担了 CloudStack 系统中非常重要的功能。CloudStack 系统会保证这两个虚拟机一直处于正常工作状态，如果出现问题，会自动尝试重启或者重建。这两个系统虚拟机是整套 CloudStack 系统是否正常运行的一个重要检测依据。

可以选择"基础架构"中的"系统 VM"标签下的"查看全部"按钮检查系统虚拟机的状态，如图 2-45 所示。

系统虚拟刚刚在界面创建出来的时候显示的状态：

　　VM 状态：Starting

　　代理状态：---

如果启动过程一切顺利，则会变成以下状态：

　　VM 状态：Running

　　代理状态：Up

如果 CloudStack 因为遇到问题而无法创建系统虚拟机，系统会将创建失败的虚拟机删除，然后重新创建。遇到问题一定要及时查看系统的日志文件，如果虚拟机启动的失败原因不能及时排查，系统将会重复尝试创建系统虚拟机，直到创建成功为止。由图 2-45 可以看出，由于多次创建二级存储虚拟机，成功时的虚拟机编号已经达到了 11。编号的大小对于系统没有影响，只是提醒用户虚拟机启动失败，需要用户及早排查原因，不要浪费太多时间等待系统的多次创建。

图 2-45　检查系统虚拟机的状态

创建一个客户虚拟机

在创建客户虚拟机之前，首先需要向系统中上传 ISO 或者模板文件。在向系统中上传 ISO 或者模板文件可以有效地验证二级存储虚拟机的功能与网络配置是否正确。

在上传 ISO 或者模板的过程，如果想要验证是否上传成功，需要查看上传的 ISO 或者模板的详细信息，如图 2-46 所示。

图 2-46　查看上传的 ISO 或者模板的详细信息

显示的状态为已经上传的百分比，如果还没有上传完成，"已就绪"状态为"No"；

当显示的状态为"Download Complete"，已就绪状态为"Yes"时，则表示模板已经成功上传；如果二级存虚拟机或者网络存在问题，则在上传的过程中，将无法顺利执行，在"状态"栏将会显示相应的异常，此时就应该排查相应的错误，然后重新上传 ISO 或者模板文件。

当 ISO 或者模板文件上传成功后，就可以通过 ISO 或者模板文件创建相应的虚拟机实例。关于 ISO 和模板文件的具体上传方法以及虚拟机实例的具体创建方法，将在第 3 章中进行详细的介绍。

2.2.3　CloudStack 如何重装

安装完 CloudStack 后，往往会做各种实验，可能会把系统搞得很乱。如果想删除实验中安装的软件或者数据是非常麻烦的，因为它们之间往往存在层级关系，必须先从最底层删起。

打开安装管理节点的虚拟机，可以通过一种最简单的方式重新安装 CloudStack，只要重置一下 CloudStack 的数据库即可。

停止 CloudStack 服务：

```
service cloudstack-management stop
```

登录 mysql 控制台，删除数据库：

```
mysql-u root-p
```

密码默认输入回车。

```
drop database cloud;
drop database cloud_usage;
drop database cloudbridge;
quit;
```

在数据删除执行完毕后，需重新初始化数据库，通过如下命令和选项完成：

```
cloudstack-setup-databases cloud：password@ localhost--deploy-as＝root
```

当该过程结束后，可以看到类似信息："CloudStack has successfully initialized the database"，说明数据库已经初始化成功。

导入相应的系统虚机模板(由于本书中将系统虚拟机模板下载到本地/var 文件夹下，然后从本地直接导入，运行以下命令)：

/usr/share/cloudstack-common/scripts/storage/secondary/cloud-install-sys-tmplt-m/nfs/secondary-f /media/CloudStack/systemvm64template-4. 5-kvm. qcow2. bz2-h kvm-F

初始化管理节点：

cloudstack-setup-management

授权 cloud 用户写日志的权限(可以通过日志常看相应的系统异常信息)：

chown cloud /var/log/cloudstack/-R

这时，再登录就会发现一个全新的 CloudStack 了。

2.2.4 基础网络区域的创建与配置

可以通过 WEB UI 界面创建与配置"基础网络"和"高级网络"，由于在上一小节中做了 CloudStack 重装操作，所以此处需根据"2.1.4 使用向导创建区域"小节再次创建区域。

选中左侧的"基础架构"导航，点击"资源域"中的"查看全部"按钮，进入资源域查看界面，如图 2-47 所示；点击右上角的"添加资源域"按钮，如图 2-48 所示。进入添加资源域界面，在此可以根据需要选择创建"基础网络"或者"高级网络"，如图 2-49 所示。

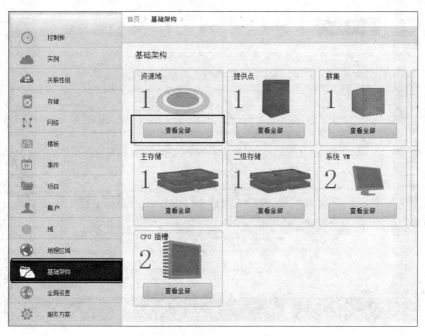

图 2-47 选择"查看全部"按钮

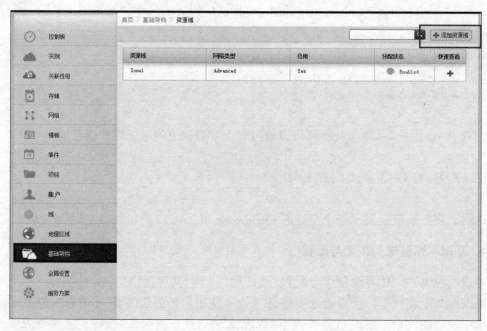

图 2-48　添加资源域

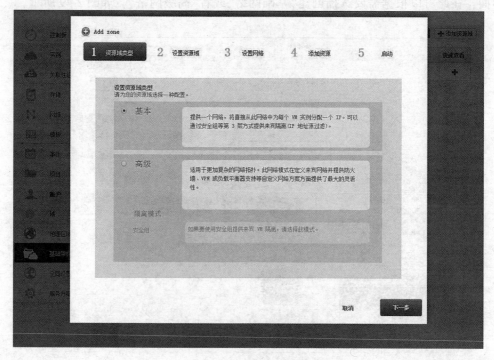

图 2-49　创建"基础网络"或者"高级网络"

在"2.1.4 使用向导创建区域"小节中，介绍了如何根据 CloudStack WEB 界面的向导指引创建一个区域，创建以及配置的就是一个基础网络，因此基础网络的创建以及配置在本节将不再重复。

2.2.5 高级网络区域的创建与配置

在前面章节中，着重基于基础网络模式进行相关的讨论。本小节介绍如何进行高级网络区域的创建与配置。

通过访问网址 http：//你的 IP 地址：8080/client/进入 CloudStack 的 WEB UI 登录界面，输入相关的账号和密码(如果是第一次登录，则账号是：admin，密码是：password)，即可登录到主界面。如果是初次登录，默认会进入引导页面，选择"我以前使用过 CloudStack，跳过此指南"即可跳过系统引导，如图 2-50 所示。

图 2-50　CloudStack WEB UI 登录界面

1. 在主界面进行资源域创建，选择"高级"，然后点击"下一步"，就可以进行高级网络区域的创建了，如图 2-51 所示，关于如何进入区域创建界面，在前一小节已经进行过详细的介绍。

2. "设置资源域"的基本信息(" * "为必填项)，如图 2-52 所示。

图 2-51　创建高级网络区域

图 2-52　"设置资源域"的基本信息

名称：可以根据自己的需要设置资源域的名称，在此设置为"Zone1"。

DNS1 和 DNS2(分为 IPV4 和 IPV6 地址)：指定一个外部的 DNS 服务器，供本区域内的所有虚拟机实例在访问外部网络的时候进行域名解析，因此可以直接设置为 CloudStack 网络可连接的 Internet 公网的 DNS。DNS2 是 DNS1 的备用设备，配置任何的地址都不会出错。

内部 DNS1 和 DNS2：供 CloudStack 系统内部网路进行域名解析时使用，本书设置为"192.168.30.1"。DNS2 为 DNS1 的备选设备，因此可以不填写。如果不是特别需要内部域名解析，在此配置任何地址都不会出错。

虚拟机管理程序：为本区域所要添加的第一台主机选择虚拟化管理程序，由于本书所使用的虚拟化管理程序是 KVM，因此选择"KVM"。

网络域：为可选项，用来配置客户虚拟机的网络域名的 DNS 后缀。系统会按照默认的命名规则自动为客户虚拟机生成一个 DNS 后缀。

来宾 CIDR：客户虚拟机所获取的 IP 地址段，对所有的用户都有效。在高级网络中，由于每个用户是以 VLAN 进行隔离的，所以不同用户使用相同的 IP 地址段也不会造成冲突。一般情况不需要对这个选项进行设置，直接默认就可以。

专用：新创建的资源域是公用的，还是只针对于当前的用户域可用，默认是不会选中的，即公用。

Enable local storage for User VMs：默认未选中，如果选中，则本区域内的所有客户机的虚拟机镜像文件都会存放在计算节点的本地硬盘中。

Enable local storage for System VMs：默认未选中，如果选中，则本区域内的所有系统虚拟机镜像文件都会存放在计算节点的本地硬盘中。

3. 设置 CloudStack 的网络流量与物理网络的对应关系，如图 2-53 所示。

管理网络：管理节点、计算节点和系统虚拟机之间通信时使用的网络。

公共网络：Internet 或公共网络访问客户虚拟机的外部网络。

来宾网络：每个用户使用的多台虚拟机之间通信时使用的网络。

存储网络：二级存储虚拟机挂载二级存储时使用，如果不设置，将会默认使用管理网络的 IP 地址。

在此只配置了一块物理网卡，一般情况下，不同的网络流量在第一个物理网络上即可以满足最低要求。如果想使用第二块网卡，只需要将相应的流量标签拖拽到第二个物理网络区域中就可以，当然需要在计算节点进行一些额外的配置，由于在进行安装过程中，没有进行第二块物理网卡的配置，因此只选择一块网卡进行操作。

另外，在界面的右边，有一个名为"Isolation method"的下拉菜单，对该菜单进行配置，可以使用不同的网络隔离技术实现网络数据交换的隔离，其中有多个选项，本书主要是基于 VLAN 进行网络架构的规划与设计。

VLAN：虚拟局域网，是一种为了避免当一个网络系统中的设备增加到一定数量之后，大量的网络报文消耗大量的网络带宽，从而影响数据的有效传递，并确保部分对安全性要求比较高的部门的网络不被随意访问而采用的划分相互隔离的子网的方法。

4. 配置公共网络的 IP 地址范围，填写公共网络流量所分配的 IP 地址段和 VLAN 标签，如图 2-54 点击"下一步"进入如图 2-55 所示。

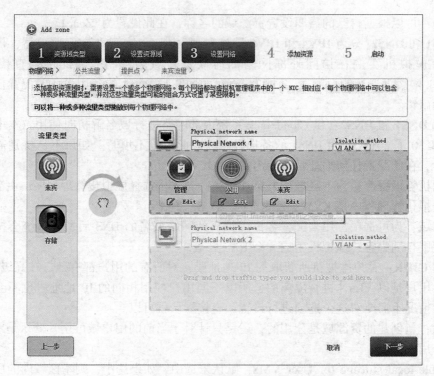

图 2-53 设置网络流量与物理网络的对应关系

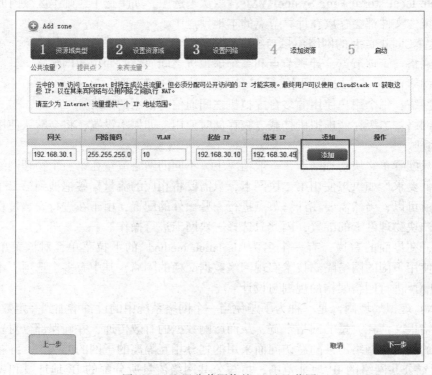

图 2-54 配置公共网络的 IP 地址范围

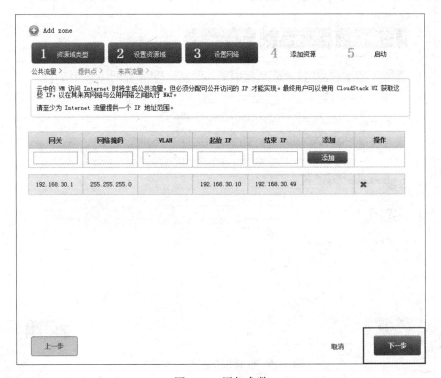

图 2-55　添加参数

　　"VLAN"是可选项，可以不填写，这主要取决于环境规划中对网卡和交换机接口的设计。填写完这些参数后，一定要单击"添加"按钮，如图 2-55 所示。

　　以上设置确认无误后，点击"下一步"，进入下一步操作。

　　5. 配置提供点的相关参数，如图 2-56 所示，配置完成后点击"下一步"。

　　提供点名称：可以任意定义。

　　预留的系统网关：为管理网络流量配置的网关。

　　预留的系统网络掩码：为管理网络流量配置的网络掩码。

　　起始预留系统 IP：管理网络流量所占的 IP 地址段的起始地址。

　　结束预留 IP 地址：管理网络流量所占的 IP 地址段的结束地址。结束地址与起始地址结合起来划分出一个 IP 地址范围，分配给系统虚拟机使用；在高级网络中，除了建立控制台虚拟机和二级存储虚拟机之外，每个用户还要拥有独立的虚拟路由器，所以建议多预留一些 IP 地址。

　　6. 设定来宾网络流量的 VLAN 范围。

　　在高级网络中，用户间的隔离默认通过 VLAN 实现，由每个用户各自的虚拟路由器进行转发，并与外网进行通信，这样就无须关心用户虚拟机所获取的 IP 地址了。在这里只需设定一段分配给用户的 VLAN ID 就可以了，如图 2-57 所示。

　　7. 添加集群，如图 2-58 所示。

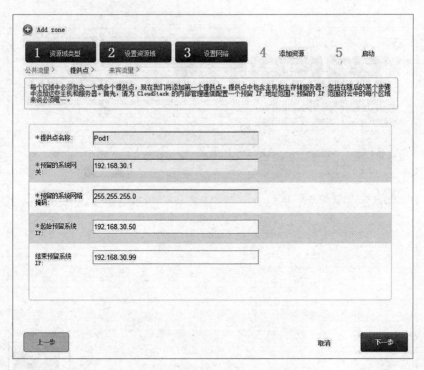

图 2-56 配置提供点的相关参数

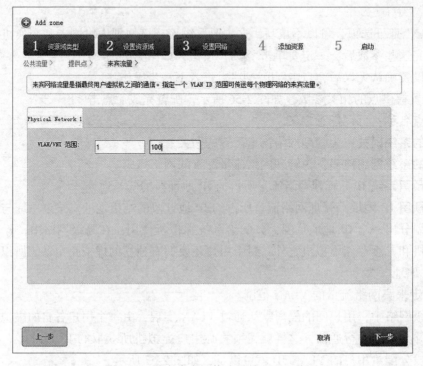

图 2-57 设定来宾网络流量的 VLAN 范围

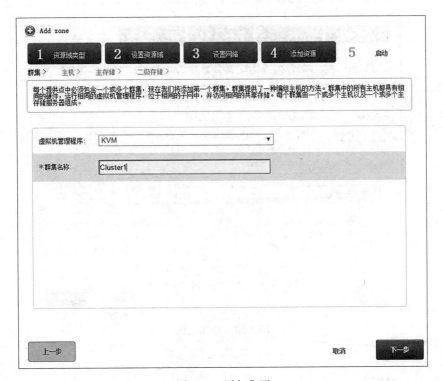

图 2-58　添加集群

虚拟机管理程序：不可选，由于在第 2 步骤中已经选择了虚拟机管理程序为 KVM，因此在添加集群的过程中将会固定为 KVM。

集群名称：为不同的虚拟机管理程序集群命名。

8. 添加主机(添加计算节点)，如图 2-59 所示。

主机名称：填写所要被添加的主机的 IP 地址，如果系统内部有 DNS 服务器能解析主机名和 IP 地址，可以直接填写主机名。

用户名：计算节点的 root 账户名称，一般填写"root"。

密码：root 用户的密码。

主机标签：根据用户规划，通过不同的标签对主机进行划分，可以不填写。

9. 添加主存储，如图 2-60 所示，如果在第 2 步骤中选择了 Enable local storage for User VMs 和 Enable local storage for System VMs，则系统会直接跳过此步骤：

名称：为这个主存储命名，名称可以随意填写。

范围：当前设置的主存储只应用于当前的集群，还是在当前的资源域中共享。

协议：添加存储协议的类型，本书中所使用的是 NFS 协议。

服务器：提供 NFS 存储的服务器节点，由于本书所使用的是管理节点的存储空间，因此设置为服务器管理节点的 IP 地址。

路径：在 NFS 存储上配置的路径，填写管理节点安装时配置的规划路径即可。

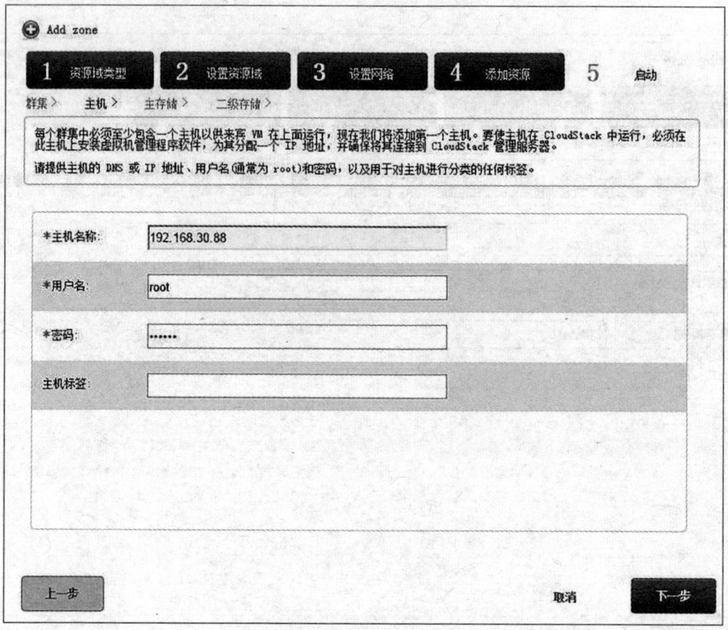

图 2-59　添加主机

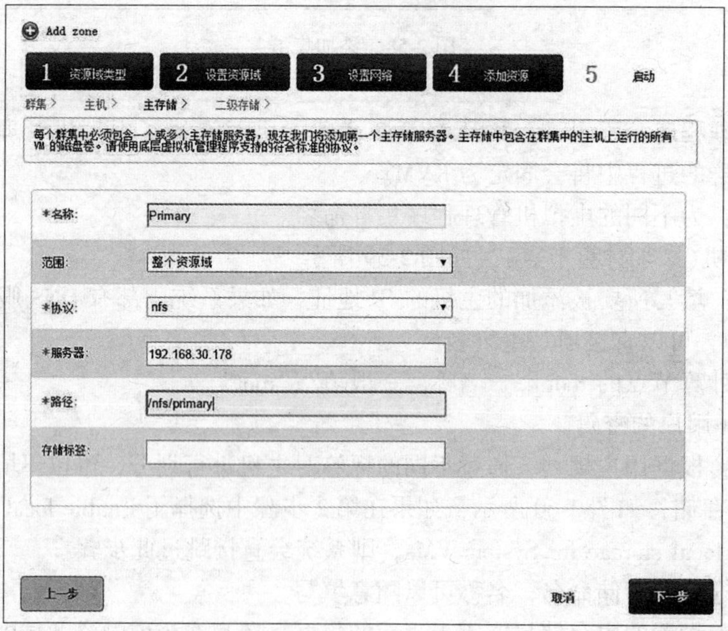

图 2-60　添加主存储

存储标签：用于识别集群中的主存储，可以不填写。

10. 添加二级存储，如图 2-61 所示，选择不同的"提供程序"，所对应的选项填写字段是不同的，本书使用的是 NFS 提供程序：

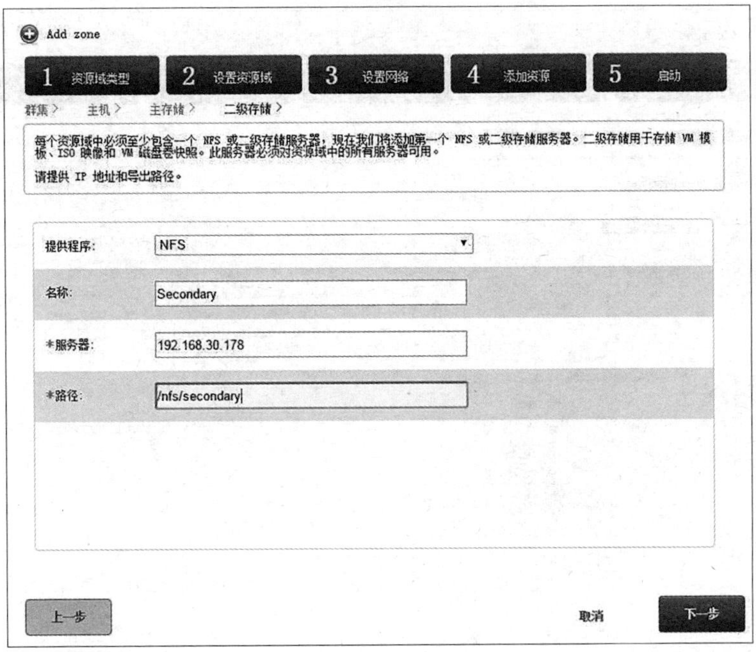

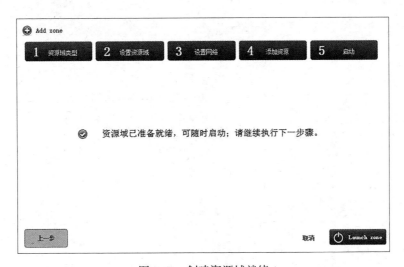

图 2-61　添加二级存储

名称：为这个二级存储命名，名称可以随意填写。

服务器：提供 NFS 存储的服务器节点，由于本书所使用的是管理节点的存储空间，因此设置为服务器管理节点的 IP 地址。

路径：在 NFS 存储上配置的路径，填写管理节点安装时配置的规划路径即可。

11. 在图 2-62 点击"Launch zone"，将会进行资源域的创建，如图 2-63 所示。

图 2-62　创建资源域就绪

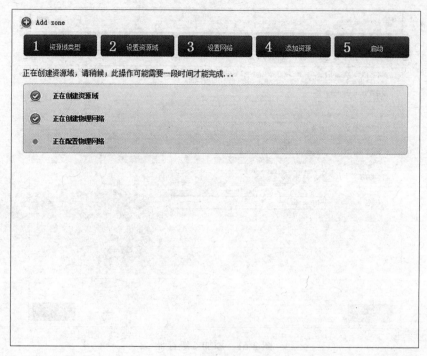

图 2-63　创建资源域

12. 如果在资源域创建过程遇到错误，只需点击"Fix errors"进行相关错误的修正，然后重新保存即可。

3 CloudStack 的使用

3.1 ISO 和模板的使用

在 CloudStack 的使用过程中，如果想创建虚拟机，首要的问题就是从哪里获得安装虚拟机操作系统所需的 ISO 文件或者能够快速部署虚拟机的模板文件。要解决这个问题，可以将创建虚拟机所需的 ISO 文件或者已经定制好的虚拟机模板文件上传到 CloudStack 中进行注册。可以通过 HTTP 或者 HTTPS 协议传输模板和 ISO 文件，将文件保存到二级存储上，因此需要将计划上传的 ISO 或者模板文件存储在支持 HTTP 协议的服务器上。

在 CloudStack 中，可以使用模板文件快速部署虚拟机实例。CloudStack 中的模板分为三种类型，分别是系统模板、用户模板和内置模板。

系统模板是指 CloudStack 在创建系统虚拟机实例时使用的模板。

内置模板是指 CloudStack 预先定义的一组模板例子，这些模板会被保存在 Internet 上。

用户模板是指由 CloudStack 平台管理员或者用户注册的模板，这类模板可以根据需要而进行定制。

从本章节开始，所有的操作都是针对高级网络模式进行的。

在进行下面的操作之前需要修改 CloudStack 的全局属性。在 Web 管理界面点击左侧的"全局设置"导航按钮，然后在右上角输入搜索项进行替换，如表 3-1 所示。

表 3-1   **修改 CloudStack 的全局属性**

搜索 sites	修改 secstorage. allowed. internal. sites 为二级存储当前网段，例如 192. 168. 30. 0/24，表示 Web 服务器的网段在 192. 168. 30. 0
搜索 control	修改 control. cidr 为二级存储当前网段，例如 192. 168. 30. 0/24 修改 control. gateway 为二级存储当前网段的网关，如 192. 168. 30. 1
搜索 management	修改 management. network. cidr 为当前管理节点的网段，例如 192. 168. 30. 0/24

修改完成后重启 CloudStack：

```
service cloudstack-management restart
```

3.1.1　查看模板和 ISO

在 WEB UI 中，可以通过点击左侧"模板"导航栏，进入模板管理页面，可以进行模板查看，如图 3-1 所示。在模板管理界面"选择视图"下拉菜单中，选择"ISO"，即可查看当前系统中的 ISO 文件，如图 3-2 所示。

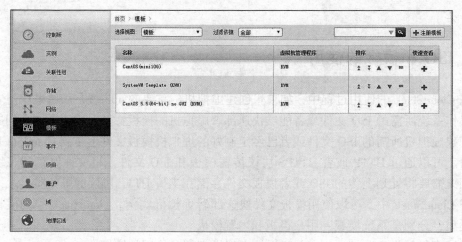

图 3-1　查看模板

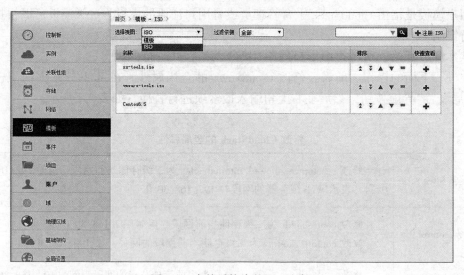

图 3-2　当前系统中的 ISO 文件

3.1.2　注册 ISO 和模板文件

1. 在模板管理界面，点击右上角的"注册模板"按钮，就可以进入到模板文件的注册页面，如图 3-3 所示。

图 3-3　注册模板

名称和说明：是对注册的模板文件的描述信息。注册的模板文件的网络地址，由于本书中模板文件 CentOS-6.5.qcow2 放到了 192.168.10.180 服务器上，因此 URL 填写为：

http：//192.168.10.180：8080/CentOS-6.5.qcow2

在 CloudStack 模板 1 中已经搭建好了 HTTP 服务器，并将 CentOS-6.5.qcow2 放到了/usr/local 目录下，读者需通过以下命令将 CentOS-6.5.qcow2 移动到/var/www/html/muban 目录下：

mv/usr/local/CentOS-6.5.qcow2 /var/www/html/muban/

然后将 URL 填写为：

http：//主机 IP 地址/muban/ CentOS-6.5.qcow2

可提取：表示此模板是否可以被用户下载。

已启用密码：如果选中，则用户在基于此模板创建虚拟机实例的时候，可以通过脚本文件，重置虚拟机的密码。

可动态扩展：是否允许动态的调整虚拟机的 CPU 和内存大小。

公用：此模板是否可以被所有用户使用。

精选：如果选中，通过模板创建虚拟机的时候，此模板会优先在管理界面被显示。

单击确定后，可以在模板查看界面，选中刚刚所注册的模板，在"资源域"选项卡中可以查看模板上传的进度，当状态为"Download Complete"，已就绪显示为"Yes"，说明模板已经注册成功，如图 3-4 所示，接下来就可以通过模板创建虚拟机了。

图 3-4　模板注册成功界面

2. 在模板管理界面"选择视图"下拉菜单中，选择"ISO"，点击右上角的"注册 ISO"按钮，就可以进入 ISO 文件的注册页面，如图 3-5 所示。

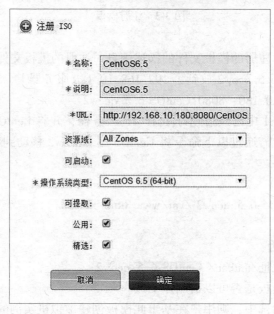

图 3-5

名称和说明：是对注册的 ISO 文件的描述信息。

URL：注册的 ISO 文件的网络地址，由于本书中 ISO 文件 CentOS-6.5.iso 放到 192.168.10.180 服务器上，因此 URL 填写为：

http：//192.168.10.180：8080/CentOS-6.5.iso

（在 CloudStack 模板 1 中已经搭建好了 HTTP 服务器，并将 CentOS-6.5.iso 放到了/ usr/local 目录下，读者需通过以下命令将 CentOS-6.5.iso 移动到/var/www/html/muban 目录下：

mv /usr/local/CentOS-6.5.iso   /var/www/html/muban

然后将 URL 填写为：

http：//主机 IP 地址/muban/ CentOS-6.5.iso）

可启动：表示能否使用此 ISO 文件启动虚拟机。

可提取：表示此 ISO 是否可以被用户下载。

公用：此 ISO 是否被所有用户都可以使用。

精选：如果选中，通过 ISO 创建虚拟机的时候，此 ISO 会优先在管理界面被显示。

单击确定后，可以在 ISO 查看界面，选中刚刚注册的 ISO，在"资源域"选项卡中可以查看 ISO 上传的进度，当状态为"Successfully Installed"，已就绪显示为"Yes"，说明已经注册成功，如图 3-6 所示，接下来就可以通过 ISO 创建虚拟机了。

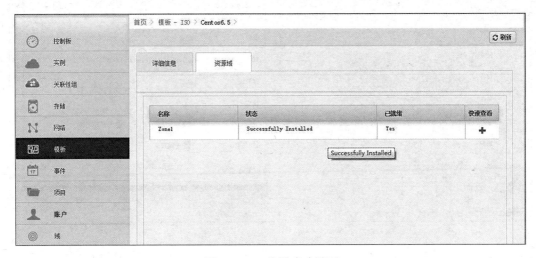

图 3-6　ISO 注册成功界面

3.1.3　创建模板

在 CloudStack 中，除了通过注册模板的方式上传模板，还可以通过现有的虚拟机实例创建模板。

首先需要将虚拟机实例关闭，成功关闭后，选中该虚拟机实例，如图 3-7 所示。

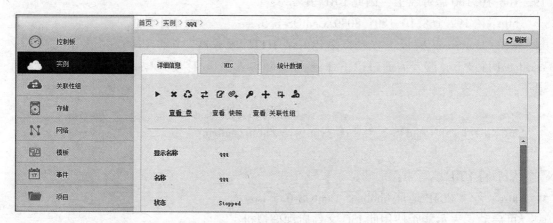

图 3-7 选择虚拟机实例

选择"查看卷"（关于卷，将在 3.4 节进行深入介绍），如图 3-8 所示。

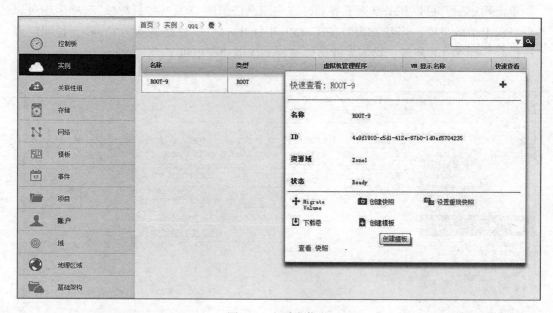

图 3-8 查看卷信息

在卷查看界面，点击类型为"ROOT"的卷所对应的"+"，选择"创建模板"，此时将会弹出"创建模板"对话框，填写相应字段，完成模板的创建，如图 3-9 所示。

图 3-9　创建模板

3.1.4　编辑模板

可以通过编辑模板的方式修改模板的名称、说明、操作系统类型等属性信息。

在模板管理界面选中需要编辑的模板，在"详细信息"选项卡中单击"编辑"按钮，可以对模板进行编辑，如图 3-10 所示。

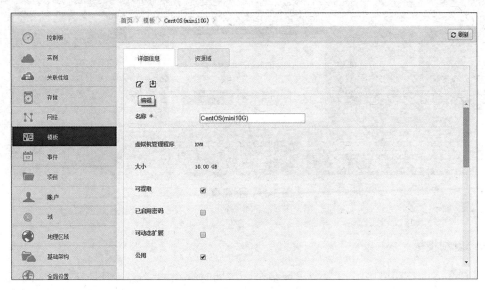

图 3-10　编辑模板

3.1.5　下载模板

在模板管理界面选中需要下载的模板，在"详细信息"选项卡中单击"下载"按钮，将会弹出一个超链接，将该超链接复制到浏览器的地址栏，就可以对模板进行下载，如图 3-11 所示。

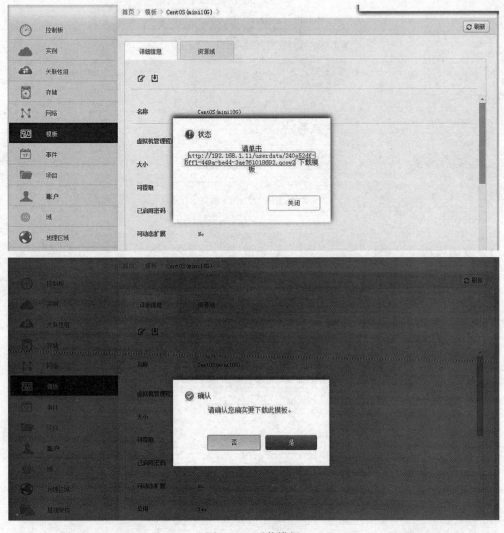

图 3-11 下载模板

3.1.6 复制模板

在 CloudStack 环境中，通常会出现多个区域同时存在的情况。但是根据 CloudStack 的限制，一个模板只能属于一个资源域，如果一个用户的资源被分配到了区域 1 和区域 2 两个不同的资源域，同时在区域 1 中注册了一个模板，且想在区域 2 中使用此模板部署虚拟机，就必须先将这个模板复制到区域 2 中。

点击需要复制的模板名称，选中"资源域"选项卡，查看虚拟机当前属于的资源域，如图 3-12 所示；点击相应的资源域名称，选择"复制模板"按钮，如图 3-13 所示；此时会弹出一个对话框，选择"目标资源域"进行模板的复制，如图 3-14 所示。

图 3-12 模板资源域

图 3-13 复制模板

图 3-14 复制模板到目标资源域

3.1.7 删除模板

对于不再需要的模板，可以通过删除模板操作将模板从云平台删除，以释放内存空间。

点击需要删除的模板名称，选中"资源域"选项卡，查看虚拟机当前属于的资源域，点击相应的资源域名称，选择"删除模板"按钮，如图 3-15 所示，完成模板的删除，如图 3-16 所示。

图 3-15　删除模板

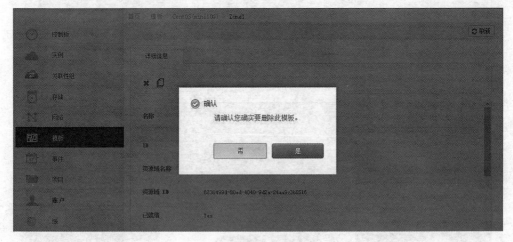

图 3-16　确定删除模板

3.1.8 重置密码

默认情况下，使用系统模板创建的实例的密码是固定的。对于云管理平台而言，使用随机密码可以更好地保证实例的安全，并且在用户忘记密码之后，支持对虚拟机实例的管理员账户进行密码重置。

想要对实例的密码进行重置以及使创建的实例使用随机密码，需要在模板的上传过程中启用"已启用密码"选项，同时需要在上传的系统模板中安装相应的客户端工具。

密码重置客户端工具安装方式如下：

（1）http：//download. cloud. com/templates/4. 2/bindir/cloud-set-guest-password. in

（2）将文件重新命名为 cloud-set-guest-password

（3）将脚本文件复制到/etc/init. d 目录下

（4）为脚本添加执行权限

```
chmod+x /etc/init. d/cloud-set-guest-password
```

（5）添加系统服务

```
chkconfig – add cloud-set-guest-password
```

（6）完成密码重置程序安装后，关闭实例，通过该实例创建模板。

完成密码重置程序安装后，无论是注册模板还是创建模板，只要勾选"已启用密码"复选框即可。

通过以下方式对"已启用密码"的虚拟机实例重置密码：

（1）停止虚拟机实例，点击该虚拟机实例名称，进入管理操作界面，在"详细信息"选项卡的按钮栏中单击"重置密码"按钮，如图 3-17 所示。

图 3-17　虚拟机实例管理操作界面

（2）系统弹出"确认"对话框，提示是否要重置虚拟机密码，单击"是"按钮，如图 3-18 所示。

（3）系统弹出"状态"对话框，显示新生成的密码，如图 3-19 所示。

（4）开启虚拟机实例，使用新的管理员密码登录。

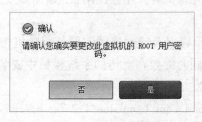

图 3-18　重置虚拟机密码

图 3-19　新生成密码

3.2　虚拟机实例的使用

对于 CloudStack 管理平台来说，对虚拟机的管理操作可以说是所有功能中最基本的部分。

CloudStack 支持实例的整个生命周期管理，包括实例的创建、启动、关闭，变更实例的计算方案，快照创建，快照的恢复，实例的删除，实例的恢复以及实例的在线迁移等功能。

3.2.1　虚拟机实例生命周期管理

在 CloudStack 中，一个虚拟机实例的整个生命周期包括创建、启动、运行、停止、删除和销毁等状态。因为虚拟机实例中一般保存着用户的重要业务数据，所以为了避免用户误删除，CloudStack 允许虚拟机实例在用户销毁后保留一段时间，在此期间管理员可以进行恢复操作。同时，虚拟机实例在使用过程中还可以更改 CPU 和内存的配置，以此来实现虚拟机实例性能的扩展和缩减。

1. 创建虚拟机实例

创建虚拟机实例是 CloudStack 云平台最基本的功能，在 CloudStack 系统中注册了 ISO 或者模板文件，就可以基于这些文件创建虚拟机实例了。

在 WEB UI 界面选择"实例"导航按钮，进入"实例"页面，单击页面右上角的"添加实例"按钮，如图 3-20 所示，根据 CloudStack 的向导界面提示，即可创建虚拟机实例了。

（1）选择区域。如果所管理的系统环境中创建了多个区域，则先指定将虚拟机实例创建在哪个区域中，并选择使用模板还是 ISO 文件，在此选择使用模板进行创建，如图 3-21 所示：

图 3-20 创建虚拟机实例

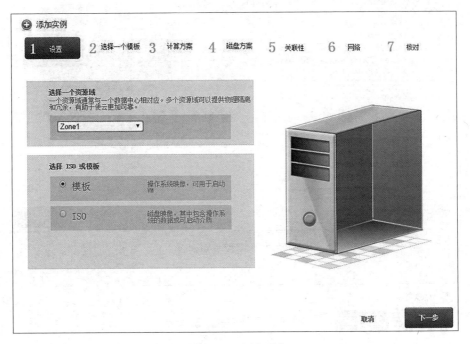

图 3-21 选择区域

(2)根据(1)的选择,将显示模板的类别,分别是"精选"、"社区"、"我的模板"和"已共享",如图 3-22 所示:

➤ "精选"列表中,显示的是带有"精选"标志的模板。

➤ "社区"列表中,显示的是带有"公共"标志的模板。

➤ "我的模板"列表中,显示的是当前用户上传的所有模板。

➤ "已共享"列表中,显示的是已经被共享的模板。

当一个模板同时是"精选"和"共享",则会优先在"精选"列表中显示,在此选择 CentOS_password 模板进行下面的虚拟机实例创建。

如果在(1)中选择基于 ISO 文件创建实例,则分类与基于模板创建实例的模板分类一致,但是有一个细节是不同的——模板的创建是基于 Hypervisor 的,创建时不必再次指定。通过 ISO 文件创建虚拟机的时候,可以指定在何种 Hypervisor 上创建,如果此区域内有多种 Hypervisor,就可以在下拉列表中进行选择,如图 3-23 所示。

(3)选择计算方案,如图 3-24 所示。系统默认会建立两个计算方案,如果想建立自己的计算方案,管理员可以在主界面的"服务方案"选项卡进行创建。

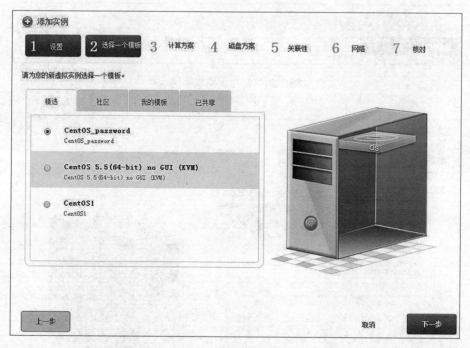

图 3-22　模板类别列表

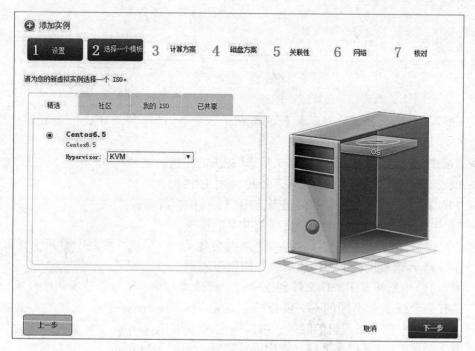

图 3-23　ISO 列表

图 3-24　计算方案列表

（4）选择数据磁盘方案。这一步的选项会根据（1）的选择是使用 ISO 还是使用模板会有所不同。

通过模板文件创建：模板本身已经带有一个磁盘空间作为根卷（root 卷），这里选择是否添加第二块硬盘作为数据卷（data 卷），如图 3-25 所示，可以选择不添加。

图 3-25　模板文件创建实例时选择数据空间

通过 ISO 文件创建：新的虚拟机实例必须要配置磁盘空间用以安装操作系统，如图 3-26 所示，没有"不，谢谢"选项。

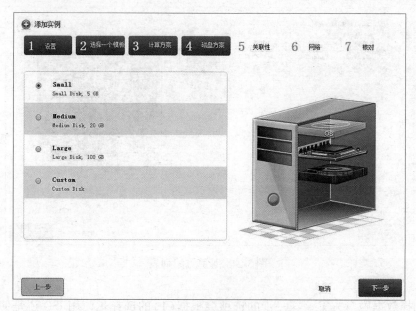

图 3-26　ISO 文件创建实例时选择数据空间

在这里，选择通过模板文件创建虚拟机实例，并单击"下一步"按钮。

（5）选择关联性组，由于没有创建关联性组，所以直接点击下一步即可，如图 3-27 所示。

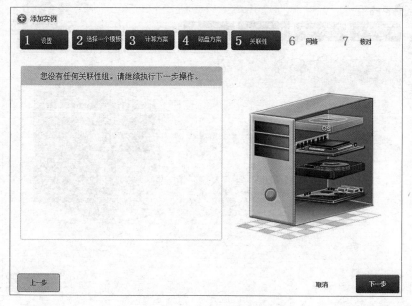

图 3-27　选择关联性组

（6）选择网络。如果是区域建成后第一次创建虚拟机实例，则列表会是空的，在"添加网络"组中选择"新建网络"即可，如图 3-28 所示，新建的网络会根据高级区域中默认的参数进行配置。也可以通过主界面中的"网络"选项卡创建多个来宾网络，如果要创建虚拟机实例的，可以选择相应的网络进行创建。

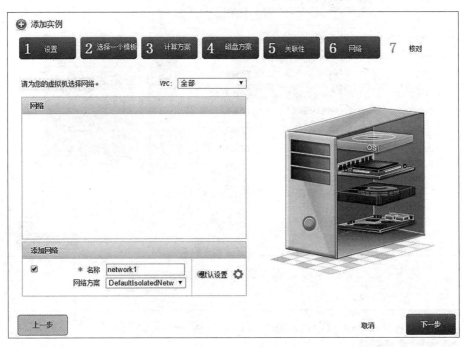

图 3-28　选择网络

（7）核对之前的每一步配置，如图 3-29 所示。可以在这一步为虚拟机设定一个容易识别的名字和组名（组名需要在主界面的"关联性组"进行创建），否则系统会根据内部的唯一编号对虚拟机进行命名。同时可以点击"编辑"按钮，对相应的配置信息进行修改。

核对无误后，单击"启动 VM"按钮，虚拟机实例就开始创建了。回到虚拟机实例列表，等待实例启动即可（第一次通过指定模板创建虚拟机实例时，所用的时间将会比较长，再次通过该模板创建虚拟机实例将会很快）。

2. 启动虚拟机实例

在 CloudStack 平台上，虚拟机实例创建完成后会默认自动启动。但是当虚拟机被关闭后，需要通过用户界面手动启动虚拟机。

（1）进入用户管理主界面，单击左侧导航栏的"实例"按钮，进入虚拟机实例管理界面，选中要启动的虚拟机，进入虚拟机实例操作界面，在上方会显示一行管理操作按钮，如图 3-30 所示。

（2）单击"启动实例"按钮，将会执行虚拟机实例启动操作，如图 3-31 所示。

此时，虚拟机实例将进入启动状态，实例启动完成后，状态将会变为"Running"，如图 3-32 所示。

图 3-29　核对配置

图 3-30　虚拟机实例管理界面

图 3-31　启动实例

名称	内部名称	显示名称	资源域名称	状态	快速查看
cs1	i-2-14-VM	cs1	Zone1	◎ Running	✚

图 3-32　实例启动完成

3. 停止虚拟机实例

选择需要执行关闭操作的虚拟机实例（状态为"Running"），然后单击管理操作按钮栏图 3-33 中的"停止实例"按钮，执行关闭虚拟机实例操作，如图 3-34 所示。

图 3-33　停止虚拟机实例

图 3-34　确定停止虚拟机实例

在弹出的停止实例对话框中，有一个"强制停止"选项，如果在操作过程中，无法正常停止虚拟机实例，则勾选"强制停止"选项，将会强制停止虚拟机实例。

4. 重启虚拟机实例

选中需要执行重启操作的虚拟机实例（状态为"Running"），然后单击管理操作按钮栏中的"重新启动实例"按钮，执行重启操作，如图 3-35 所示。

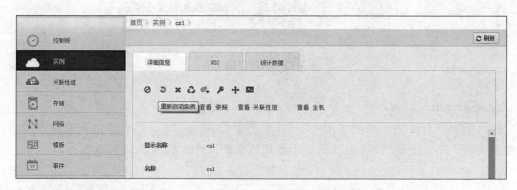

图 3-35 重新虚拟机实例

5. 变更虚拟机实例的计算方案

在使用 CloudStack 的过程中，有时候会发现 CPU 的计算能力或者内存不足。此时希望可以在不重新创建实例的情况下，使正在使用的实例的 CPU 或者内存增加。

CloudStack 中实例的 CPU 和内存的大小由创建实例时选择的计算方案决定的。在 CloudStack 管理主界面，有一个"服务方案"导航按钮，在相应的界面会有很多计算服务方案，可以根据自己的需要创建相应的计算方案。

在 CloudStack 平台中，可以通过变更实例的计算方案来变更实例的 CPU 和内存的大小，步骤如下：

(1)停止正在运行的虚拟机实例。等到虚拟机实例停止之后，单击管理操作按钮栏中的"更改服务方案"按钮，如图 3-36 所示。

图 3-36 更改服务方案

(2)在弹出的"更改服务方案"对话框的"计算方案"下拉列表中选择需要变更的计算方案，然后单击"确定"，如图 3-37 所示。之后重新启动虚拟机实例即可。

6. 销毁虚拟机实例

选择需要销毁的虚拟机实例，在操作管理按钮栏图 3-38 中单击"销毁实例"按钮，如图 3-39 所示，在弹出的对话框中单击"确定"即可。

图 3-37 确定更改服务方案

图 3-38 销毁实例

图 3-39 确定销毁实例

在弹出的对话中有一个"删除"选项。当用户销毁虚拟机时，为了防止用户误操作，虚拟机实例并没有被真正的删除，而只是从用户界面被删除，管理员界面还可以看到被销毁后的虚拟机，状态为"Destroyed"，如图 3-40 所示。如果用户在销毁实例的过程中选择了"删除"选项，则实例将不再被保留，直接进行删除。

	名称	内部名称	显示名称	资源域名称	状态	快速查看
	cs1	i-2-14-VM	cs1	Zone1	Destroyed	+

图 3-40 销毁后的虚拟机状态

虚拟机实例在"Destroyed"状态下将会保留一段时间，在此期间，管理员可以对实例进行恢复。虚拟机实例在销毁后保留的时间由两个全局参数决定，分别是"expunge. delay"和"expunge. interval"。当经过全局参数所规定的时间间隔后，实例将会被彻底的删除，此时将无法再进行恢复了。

7. 恢复虚拟机实例

当用户销毁虚拟机时，为了防止用户误操作，虚拟机实例并没有被真正的删除，而只是从用户界面被删除，管理员界面还可以看到被销毁后的虚拟机，状态为"Destroyed"。在实例被销毁到彻底删除期间，管理员可以通过恢复操作恢复被销毁的虚拟机实例，如图 3-41 所示。恢复的实例将会重新显示在用户的虚拟机实例管理界面中。

图 3-41 恢复虚拟机实例

3.2.2 虚拟机实例的动态迁移

虚拟机实例的动态迁移可以让实例在不关机且能持续提供服务的前提下，从一个虚拟机平台的主机存储迁移到其他虚拟机平台的主机存储上运行。

V2V 虚拟机的迁移指的是在 VMN(Virtual Machine Monitor) 上运行的虚拟机，能够被转移到其他物理主机的 VMM 上运行。VMM 对硬件资源进行抽象和隔离，屏蔽了底层的硬件细节。V2V 迁移方式分为静态迁移和动态迁移。

静态迁移

静态迁移也叫做常规迁移、离线迁移(Offline Migration)。就是在虚拟机关机或暂停的情况下从一台物理机迁移到另一台物理机。因为虚拟机的文件系统建立在虚拟机镜像上面，所以在虚拟机关机的情况下，只需要简单地迁移虚拟机镜像和相应的配置文件到另外一台物理主机上；如果需要保存虚拟机迁移之前的状态，在迁移之前将虚拟机暂停，然后拷贝状态至目的主机，最后在目的主机重建虚拟机状态，恢复执行。这种方式的迁移过程需要显式的停止虚拟机的运行。从用户角度看，有明确的一段停机时间，虚拟机上的服务不可用。这种迁移方式简单易行，适用于对服务可用性要求不严格的场合。

动态迁移

动态迁移也叫在线迁移(Online Migration)。就是在保证虚拟机上服务正常运行的同时，将一个虚拟机系统从一个物理主机移动到另一个物理主机的过程。该过程不会对最终用户造成明显的影响，从而使得管理员能够在不影响用户正常使用的情况下，对物理服务器进行离线维修或者升级。与静态迁移不同的是，为了保证迁移过程中虚拟机服务的可用，迁移过程仅有非常短暂的停机时间。迁移的前面阶段，服务在源主机的虚拟机上运行，当迁移进行到一定阶段，目的主机已经具备了运行虚拟机系统的必需资源，经过一个非常短暂的切换，源主机将控制权转移到目的主机，虚拟机系统在目的主机上继续运行。对于虚拟机服务本身而言，由于切换的时间非常短暂，用户感觉不到服务的中断，因而迁移过程对用户是透明的。动态迁移适用于对虚拟机服务可用性要求很高的场合。

动态迁移根据存储的类别分为基于共享存储的动态迁移和基于本地存储的动态迁移。

基于共享存储的动态迁移在虚拟机迁移时，只需要在虚拟机系统内存中执行状态的迁移就能够获得较好的迁移性能。使用基于共享存储的动态迁移，可以加快迁移的过程，尽量减少当机的时间。

如果虚拟机上的服务对于迁移时间的要求不严格，可以采用基于本地存储的动态迁移。

在 CloudStack 平台中，管理员可以对虚拟机实例进行动态迁移，普通用户则不可以。在动态迁移的过程中，虚拟机实例将继续运行，应用程序的运行也不会中断。可以利用动态迁移功能实现无中断的系统维护，极大地缩短停机维护的时间窗口。

CloudStack 中的虚拟机实例动态迁移操作只能在同一个 Cluster 中进行，虚拟机实例无法跨越 Cluster 进行动态迁移。

1. 选择要进行动态迁移的虚拟机实例，单击管理操作按钮栏中的"将实例迁移到其他主存储"按钮，如图 3-42 所示。

2. 在弹出的对话框中，选择相应的"主存储"，可以进行虚拟机实例的动态迁移，如图 3-43 所示。

迁移操作正常执行完毕后，可以检查虚拟机实例的运行状态和当前所处的主存储。完成动态迁移所需的时间和当前实例的大小以及磁盘的读写速度有关，有时需要等待很长的时间。

图 3-42　将实例迁移到其他主存储

图 3-43　选择主存储

3.2.3　使用控制台访问虚拟机实例

在使用实例的过程中，可能会遇到实例因网络故障不能访问，但是又需要登录实例进行故障处理的状况。此时，可以通过 CloudStack 平台为用户提供的基于浏览器的控制台，直接对虚拟机实例进行维护操作。

使用控制台的方法如下：

1. 选择需要进行控制台访问的虚拟机(状态必须为"Running")，单击操作管理按钮栏中的"查看控制台"按钮，如图 3-44 所示。

2. 将会弹出一个浏览器控制台窗口，通过此窗口将直接可以对虚拟机实例进行操作，如图 3-45 所示。

在使用控制台的过程中，可能会遇到无法显示控制台界面的情况，此时可以通过以下的方法进行初步的解决。

在 CloudStack 的技术架构中，通过 Console Proxy VM(CPVM)来连接并访问虚拟机实

图 3-44 查看控制台

图 3-45 控制台窗口

例。CloudStack 平台会为 CPVM 分配一个公网 IP，用户的浏览器会访问这个公网的 IP 地址的 443 端口（使用 HTTPS 协议）。但是这里需要注意，用户不会直接去连接公网的 IP 地址，而是通过访问一个以"realhostIP. com"为后缀的 DNS 域名去访问的。具体来说，假设公网 IP 地址为"192. 168. 30. 3"，那么用户将会访问"192-168-30-3. realhostIP. com"这个域名，经过域名解析后访问的是"192. 168. 30. 3"这个 IP 地址。

"realhostIP. com"这个域名目前是由 Citrix 运营的，只要客户端能够访问 Internet，或者能访问与 Internet DNS 服务器相关联的下一级内网 DNS 服务器，就可以解析这个域名。如果客户端无法连接 DNS 域名服务器，那么将无法解析这个域名，因此将会无法连接 CPVM，也就无法正常打开控制台了。

可以通过修改本地的名字解析文件来获得本地解析能力。Windows 平台下的名字解析文件是"C：\ Windows \ System32 \ drivers \ etc \ hosts"，只需在这个文件中增加一行解析记录就可以了，具体如下：

x. x. x. x   x-x-x-x.   realhostIP. com

综上所述，如果想正常打开并访问 CloudStack 的控制台，需要确认以下的内容：

➤ 确认 CPVM 正常启动并运行；

➤ 确认客户端可以连接到 CPVM 的公网 IP 以及它的 443 端口；

➤ 确认客户端可以访问一个可用的 Internet DNS 服务器，或者一个放置在内网的可解析 Internet 地址的 DNS 服务器；

➤ 如果无法使用 DNS 服务器，就需要修改本地名字解析文件，使本地解析可以进行。

经过以上的步骤，大部分不能使用控制台的问题可以解决。如果仍然不能解决，可以到 CloudStack 的社区寻求相应的帮助。

3.3 访问控制

在云管理中，如何对创建的实例进行安全防护一直是讨论的重点。在基础网络模式下，不同租户之间是通过安全组的方式进行安全隔离的，每一个租户都拥有一个默认的安全组；在高级网络模式下，每个租户获得一个或多个私有来宾网络，每个来宾网络都属于一个单独的 VLAN，并且虚拟路由器为这些来宾网络提供网关服务。

3.3.1 安全组

为了对虚拟机实例的网络数据的进出进行访问控制，CloudStack 提出了安全组的概念。安全组相当于在虚拟机实例的操作系统之外部署了一道防火墙，安全组通过网络第三层协议保证虚拟机的安全隔离。每个安全组可以设定一定的安全规则，即安全组网络的进入规则和流出规则。CloudStack 默认所有向外的流量都是允许的，所有进入的流量都是禁止的。

CloudStack 允许用户创建多个安全组，每个安全组代表一种相应的安全策略。

可以将一个安全组规则应用到多个虚拟机实例上，也可以在一个虚拟机实例上使用多个安全组规则。任何 CloudStack 账户都可以创建任意数量的安全组。创建虚拟机实例的时候会选择默认的安全组。一个虚拟机实例在创建的时候可以选择一个或多个安全组，选择后不可以退出或加入其他安全组。

用户可以对一个安全组的规则进行删除或增加操作，修改完这些操作将会立刻应用到所属的虚拟机中。

通过安全组可以灵活地配置虚拟机实例之间的访问控制，以及虚拟机实例对外的访问控制。要使用安全组，需要在创建基础网络的时候选择相应的支持安全组的网络方案。

在创建基础网络模式的时候，可以使用一个默认的安全组，也可以创建多个安全组规则，并在创建虚拟机的时候选择使用哪一个安全组规则。

在高级网络模式下没有安全组方案，因此针对安全组的讨论使用基础网络模式，如果没有创建基础网络区域，则需要先创建基础网络区域。

在主界面中单击左侧"网络"选项，在"选择视图"中选择"安全组"，如图 3-46 所示。

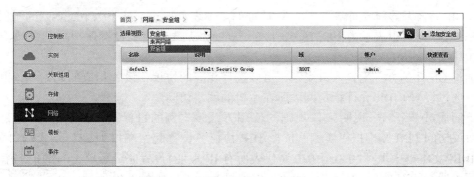

图 3-46   选择安全组

点击右上角的"添加安全组"按钮，在弹出的对话框中输入安全组的名字以及对此安全组的说明，如图 3-47 所示。

图 3-47   添加安全组

当安全组创建完成之后，点击所创建的安全组，进入安全组配置信息界面，可以在所创建的安全组中进行相关规则的配置，如图 3-48 所示。

图 3-48   安全组配置

可以选择"CIDR"和"Account"两种形式的规则。

CIDR 又名无类别域间路由，是 IP 地址的一种表示形式，如 192.16.30.0 的子网掩码 255.255.255.0 可以表示为 192.16.30.0/24。Account 选项用于设置账户之间的安全组所含虚拟机实例的访问规则。

通过 CIDR 的方式配置入口规则，可以选择相应的协议，设置相应的起始端口和结束端口，通过设置 CIDR 允许指定网段所在主机的网络访问。

下面通过一个例子说明入口规则的使用方法。本例的目标是允许所有 IP 地址通过 SSH 协议访问 LINUX 虚拟机实例。选择 TCP 协议，设置起始端口为 22，结束端口为 22，在"CIDR"文本框中填写"0.0.0.0/0"（代表所有 IP 地址）设置完成后单击"添加"按钮。此时就可以通过 SSH 客户工具访问 LINUX 虚拟机实例了，如图 3-49 所示。

图 3-49　添加协议端口

默认情况下，不同用户的虚拟机是不能使用局域网 IP 地址互相访问的，现在通过修改入口规则设置允许用户 admin 的安全组"network1"下的虚拟机访问安全组"NetZone1"下的虚拟机。

选中"Account"单选按钮，设置端口范围为 1-65535（主机的所有端口），再填入允许访问的账户"admin"及其所在的安全组"network1"，如图 3-50 所示。

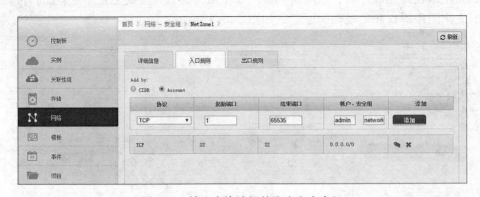

图 3-50　填入允许访问的账户和安全组

以上是入口规则可以做的工作，下面介绍出口规则将如何使用。

默认情况下，安全组规则允许虚拟机实例的所有端口对外访问，假设有一个联网程序，需要通过 9001 端口进行对外访问，此时设置安全组的出口规则中只允许 80 端口对外访问，那么只能通过 80 端口连网，使用其他端口的程序都不能连接外网。

通过以上例子可以知道，如果添加了一条出口规则，就只允许这条规则的端口主动访问外部，使用其他端口的服务都不能访问外网，通过设置出口规则，可以有效地对主机进行保护，防止信息的泄露。

设置完安全规则后，就可以通过创建虚拟机实例来使用建立的安全组了。接下来，创建一个虚拟机实例来使用之前创建的安全组"NetZone1"。在虚拟机实例的创建过程中，会遇到选择安全组，如图 3-51 所示。

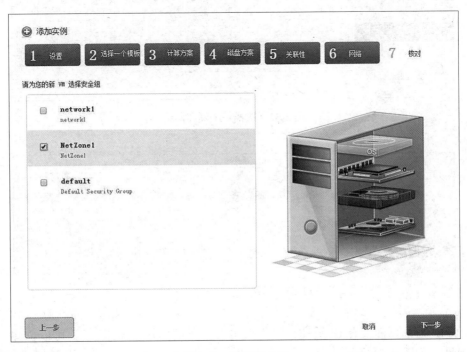

图 3-51　选择安全组

在此选择之前创建的安全组即可。在创建虚拟机实例的过程中，选择了相应的安全组后就无法再更改。如果没有看到安全组界面，则表示当前用户没有创建新的安全组，系统会自动使用默认的安全组。

3.3.2　高级网络功能

在 CloudStack 中，可以通过特有的系统虚拟机模板创建虚拟路由器。这个系统虚拟机实际上是一个运行的虚拟机实例，如果这个虚拟路由器上运行了 DHCP 服务，那么所有创建的虚拟机实例可以通过 DHCP 获取 IP 地址；如果这个虚拟路由器上运行了端口转发程序，那么就可以使用端口转发功能。虚拟路由器上运行哪些程序取决于使用哪种网络方案。

接下来，将对 CloudStack 的高级网络特性进行介绍，由于在前面的章节已经对高级网络的各个特性进行过概念性的描述，因此在本节将介绍如何配置以实现相应的功能。

1. 防火墙

使用管理员账户登录 CloudStack 的管理页面，单击左侧的"网络"选项，在网络列表中选择一个隔离网络，进入网络详细信息页面，如图 3-52，点击右上角的"查看 IP 地址"，进入网络对应的 IP 地址页面，如图 3-53 所示。

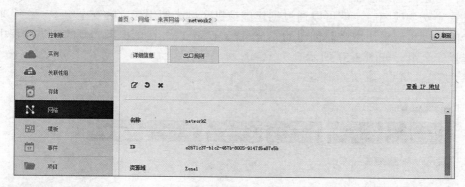

图 3-52　选择一个隔离网络

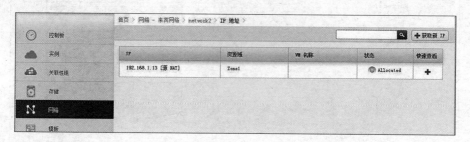

图 3-53　网络对应的 IP 地址页面

如果 IP 地址页面没有 IP 地址，只需点击右上角的"获取新 IP"，就可以创建一个新的 IP 地址，如图 3-54 所示。

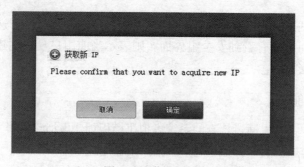

图 3-54　获取新 IP

选择一个 IP 地址，进入 IP 地址详细信息页面，选择"配置"选项卡，如图 3-55 所示，即可看到网络配置页面，单击"防火墙"中的"查看全部"按钮即可进行相应的防火墙配置，如图 3-56 所示。

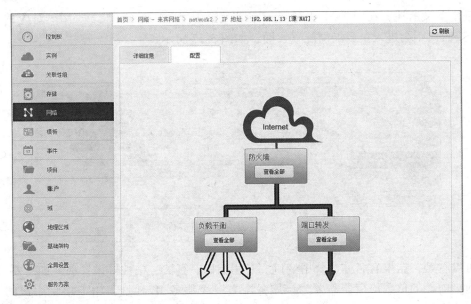

图 3-55　网络配置页面

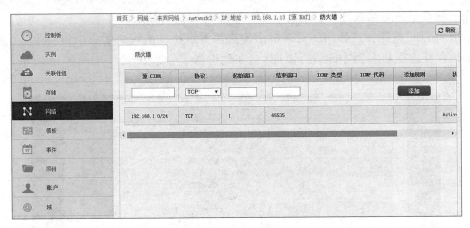

图 3-56　防火墙配置页面

在图 3-56 中可以看到设置了一条防火墙规则，该规则允许来自 192.168.1.0/24 的 IP 地址使用 TCP 协议访问当前 IP 地址的 1-65535 端口。

防火墙规则的设置和基础网络模式中的安全组规则设置类似，这里不再进行详细叙述。有一点需要注意，防火墙规则是对特定的 IP 地址进行设置的，因此它只对这个 IP 地址的访问起作用。

2. 负载均衡

负载均衡是建立在现在网络结构之上，它提供了一种廉价、有效、透明的方法，扩展了网络设备和服务器的带宽，增加了吞吐量，加强了网络的数据处理能力，提高了网络的灵活性和可用性。

基于上文所述，在图 3-55 所对应的网络配置界面中，选择"负载均衡"对应的"查看全部"按钮，则会进入负载均衡配置界面，如图 3-57 所示。

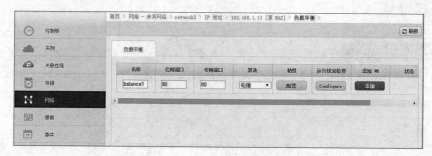

图 3-57　负载均衡配置界面

可以看到，这里有名称、公用端口、专用端口、算法、粘性等设置项。如果要使用负载均衡，前端的负载均衡器需要为该服务配置一个服务 IP 地址，用于接受用户的请求。公用端口是指用户外部访问时使用的端口，专用端口是指虚拟机提供服务的端口。

输入端口号，设置算法和粘性后，单击"添加"按钮，完成策略的添加。添加完成之后，除了端口号不可修改之外，名称、算法等都可以进行修改。

单击"添加"按钮，在弹出的对话框中勾选需要承担均衡策略的虚拟机（同一个虚拟网络中必须存在虚拟机实例才能进行添加），在此选择了 cs3 和 cs2，如图 3-58 所示。

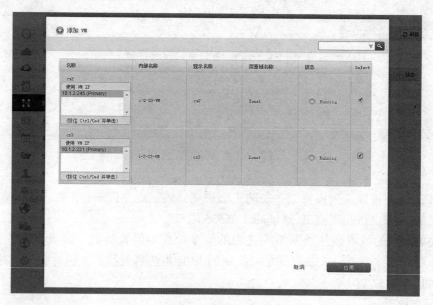

图 3-58　选择需要承担均衡策略的虚拟机

这样，当访问本 IP 地址所对应的 80 端口时，就会访问 cs3 或者 cs2 的 80 端口(需要在防火墙中开放外网对于 80 端口的访问权限)。

3. 端口转发

在图 3-55 所对应的网络配置界面中，选择"端口转发"对应的"查看全部"按钮，则会进入端口转发配置界面，如图 3-59 所示。

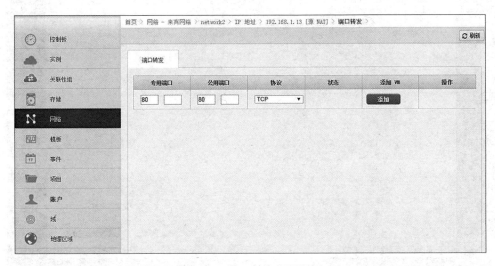

图 3-59　端口转发配置界面

添加一个 8080 端口，使用户访问本 IP 地址对应的 8080 端口时，访问请求被转发到所指定虚拟机实例的 80 端口。在"专用端口"中输入"80"(专用端口是接受转发的实例使用的端口)，在"公用端口"中输入"8080"(公用端口是用户访问时使用的端口)。选择 TCP 协议，然后单击"添加"按钮，添加要转发的目标主机，如图 3-60 所示，在此选择 cs2，单击"应用"。此时用户访问本 IP 地址对应的 8080 端口时，就会访问 cs2 的 80 端口(需要在防火墙中开放 8080 端口)。

4. 静态 NAT

NAT 又名网络地址转换，是一种将私有地址转换为合法 IP 地址的转换技术，被广泛应用于各类的 Internet 接入方式和各种类型的网络中。静态 NAT 是指将内部网络的私有 IP 地址转化为共有 IP 地址，某个私有 IP 地址只能转化为某个共有 IP 地址，是一对一的，借助静态 NAT 转换功能，可以实现外部网络对内部网络某些特定设备的访问。

使用管理员账户登录管理界面，单击"网络"选项，选择相应的网络，选择"查看 IP 地址"，单击右上角的"获取新 IP"按钮，如图 3-61 所示。

选中新获取的 IP，进入 IP 详细信息页面，单击"启用静态 NAT"按钮，如图 3-62 所示。

在弹出的对话框中选中要做静态 NAT 的虚拟机实例 cs3，单击"应用"即可，如图 3-63 所示。

操作完成之后，在网络的 IP 地址列表中就可以看到已经绑定静态 NAT 的 IP 地址和虚拟机了(需要在防火墙中设置允许外部访问这个 IP 地址的对应端口)，如图 3-64 所示。

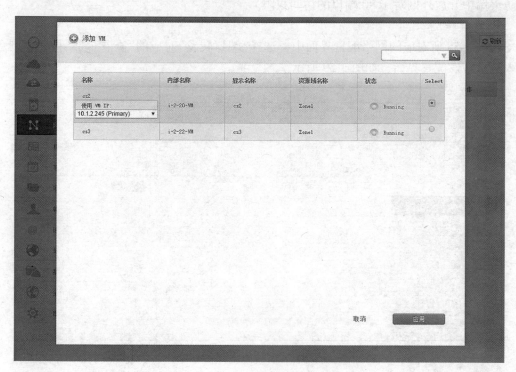

图 3-60　添加要转发的目标主机

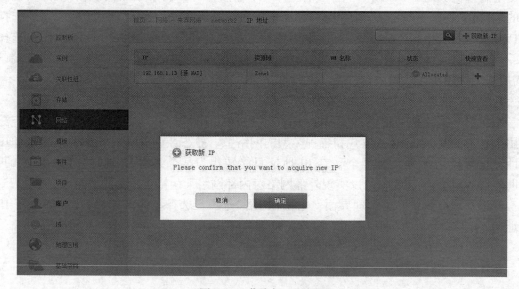

图 3-61　获取新 IP 界面

图 3-62　启用静态 NAT

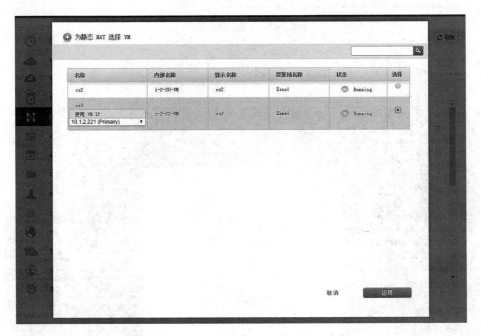

图 3-63　选择要做静态 NAT 的虚拟机实例

IP	资源域	VM 名称	状态	快速查看
192.168.1.14	Zone1	cs3	Allocated	✚

图 3-64　已经绑定静态 NAT 的 IP 地址和虚拟机

5. VPC

在 CloudStack 的 VPC 中，可以包含多个独立的虚拟子网，这些虚拟子网公用一个路由器，每个独立的子网都有独立的访问控制列表。

配置一个 VPC 的步骤如下：

使用管理员账户登录管理主界面，单击"网络"选项，在弹出的"选择视图"下拉列表中选择"VPC"选项，如图 3-65 所示。

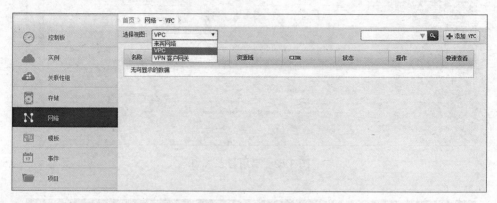

图 3-65   VPC 选择界面

单击右上角的"添加 VPC"按钮，将弹出图 3-66 所示的对话框。

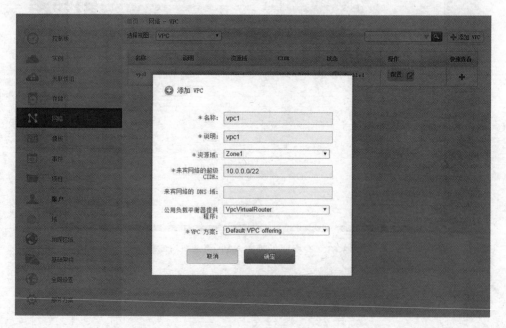

图 3-66   添加 VPC

在对话框中输入 VPC 的名称和说明，选择一个资源域(只能选择所创建的高级区域)，配置来宾网络的超级 CIDR(在 VPC 中创建的子网都必须在这个 CIDR 中)，单击"确定"。当创建成功后，点击"配置"按钮，进入 VPC 的配置页面，如图 3-67 所示。

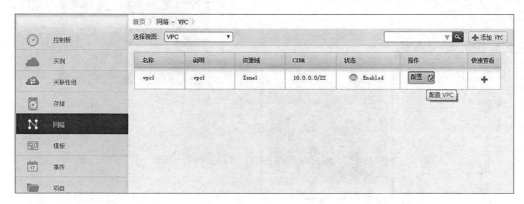

图 3-67　VPC 的配置页面

在 VPC 中添加新层(添加一个虚拟子网)，如图 3-68 所示，单击"确定"，添加成功后，将会进入 VPC 的配置界面，在此可以选择添加新的子网以及进行 VPC 路由器功能配置，如图 3-69 所示。

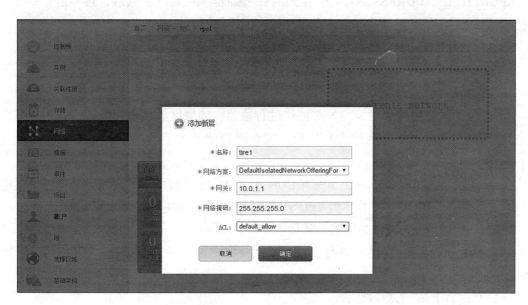

图 3-68　添加新层

在"Router"中有四个选项：

PRIVAET GATEWAYS：可以为当前的 VPC 提供一个专用的物理网关。

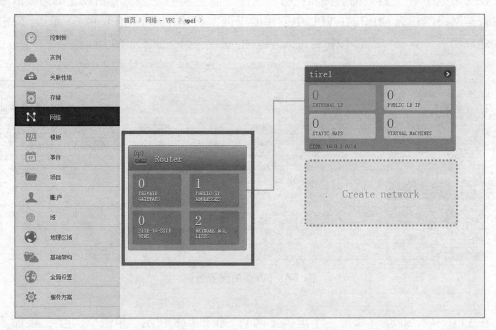

图 3-69　VPC 路由器功能配置

PUBLIC IP ADDRESSES：VPC 使用的 IP 地址必须先在这里获取，再绑定到一个子网，绑定到子网的 IP 地址为子网内的虚拟机实例提供相应的网络功能。

SITE-TO-SITE VPNS：可以和另外的 VPC 或者物理网络一起组成站点间的 VPN。

NETWORK ACL LISTS：可以配置每个子网中独立的防火墙。

6. 冗余路由

大部分的网络使用单网关与外部网络进行通信，如果网关出现故障无法使用，将会导致内部网络无法与外部网络进行通信，冗余路由就是为了解决这种单点故障而产生的。

冗余路由组公用一个外网 IP 和一个内网 IP，提供冗余路由功能的两台虚拟路由器应尽量运行在不同的物理主机上，在 VPC 和 Share 网络中不能使用冗余路由功能。

添加一个使用冗余路由的网络步骤如下：

(1)在管理主界面的"服务方案"页面中的"选择方案"下拉列表选择"网络方案"，如图 3-70 所示。

(2)单击右上角"添加网络方案"按钮，进入网络方案添加页面，如图 3-71 所示。"来宾类型"选择"Isolated"(Share 类型不支持冗余路由)，选中"源 NAT"复选框之后，就可以选择冗余路由功能了。填写必填项后，单击确定，完成网络方案的添加。

(3)新创建的网络方案默认是不被启用的，如图 3-72 所示，需要手动启动网络方案，单击"testnet"进入"详细信息"界面，选择"启动网络方案"。

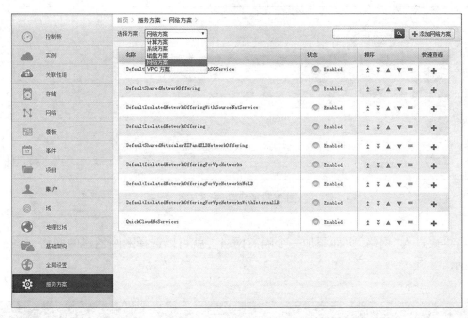

图 3-70 选择方案下拉列表中选择网络方案

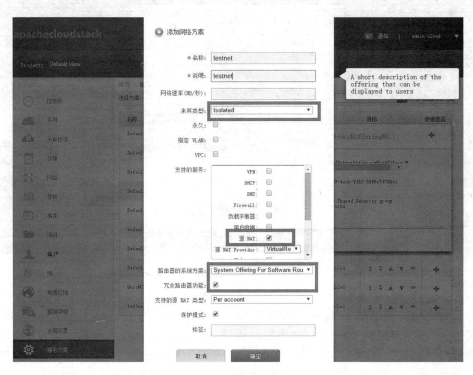

图 3-71 网络方案添加页面

图 3-72　启动网络方案

（4）再次进入"网络"页面添加一个隔离网络，就可以选择刚刚创建的网络方案，如图 3-73 所示。

图 3-73　添加隔离网络

通过新创建的网络创建第一台虚拟机实例，此时系统将会随之创建相应的虚拟路由器。在主界面选择"基础架构"，在"虚拟路由器"选项中点击"查看全部"按钮，选择新创建的虚拟机，进入"详细信息"页面，如图 3-74 所示。"冗余状态"为"MASTER"的是主路由器，当备用路由器无法接受主路由器发送的组播包时，备用路由器会在极短的时间内切换为主路由器。

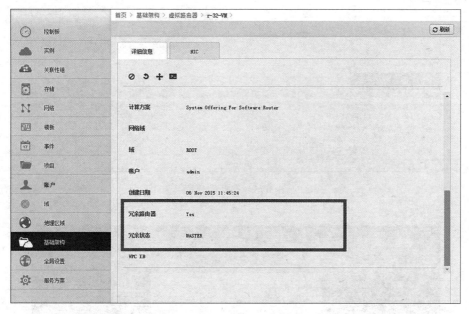

图 3-74　冗余路由器及其状态

3.4　磁盘与快照的使用

虚拟机的磁盘如同实际的物理硬盘一样，为虚拟机提供可扩展的使用空间。在 ClousStack 系统中，也有专门的页面对虚拟机的磁盘(或称作卷)进行管理。每台虚拟机有初始的根卷(安装了操作系统的卷，类型为"ROOT")，以及扩展存储空间可用的数据卷(类型为"DATA")。

用户可以添加或者删除数据卷、挂载或者卸载数据卷。有一点需要注意，在 ClousStack 中，快照功能是针对于卷进行的，而不是针对于虚拟机进行的。

3.4.1　添加数据卷

在 CloudStack 的管理主界面，单击"存储"选项，在"选择视图"中，选择"卷"，如图 3-75 所示。为了实验操作的方便，这里删除了之前创建的虚拟机实例，只保留了一个虚拟机实例，因此界面中只显示一个卷。

单击右上角的"添加卷"，弹出添加卷对话框，如图 3-76 所示。

名称：新建的数据卷的名称。

可用资源域：用于指定数据卷可以使用的区域。

磁盘方案：选择一个已有的磁盘方案。

设置完成后，单击"确定"，在卷列表中就可以看到新创建的卷，如图 3-77 所示，此时所创建的卷只是进行了预定，实际上并没有占用任何的存储空间。

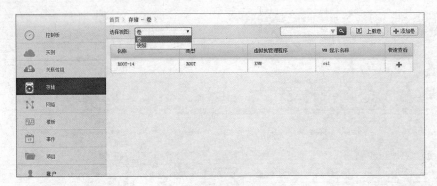

图 3-75　选择卷界面

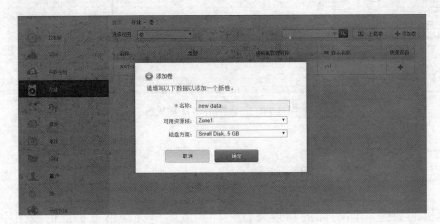

图 3-76　添加卷界面

图 3-77　新创建的卷界面

3.4.2　上传卷

除了在 CloudStack 系统界面上创建卷，还可以将系统外部存在的卷上传到系统中。对于需要使用包含很多已有数据卷的场景来说，这一功能是十分方便的。一般来说，上传的卷为数据卷，对于根卷，往往会根据模板创建根卷。

在"卷"视图的右上角单击"上载卷"，就可以进行相应的卷的上传，如图 3-78 所示。

填写完相应的信息，单击"确定"就可以进行卷的上传。

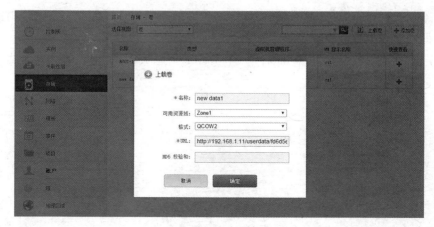

图 3-78　上载卷界面

在卷列表中将会看到刚刚上传的卷。上传卷和注册模板的方式是一样的，都是通过二级存储虚拟机进行连接并传输数据。上传卷需要一定的时间，点击新上传的卷，查看其详细信息，如图 3-79 所示。等到状态变为"Uploaded"，则说明卷上传成功，如图 3-80 所示。

图 3-79　卷列表中上传的卷

图 3-80　卷上传成功界面

3.4.3　附加磁盘

有了新的数据卷，就可以让系统中的虚拟机实例通过挂载的方式来真正使用这些新的数据卷，即使用附加磁盘功能。

选中刚刚创建的数据卷"new data1"，单击详细信息页面左上角的"附加磁盘"按钮进行挂载，如图 3-81 所示。

图 3-81　挂载附加磁盘

这时会弹出"附加磁盘"对话框，需要选择此数据卷挂载的目标虚拟机，目前只有一个虚拟机，单击"确定"按钮即可，如图 3-82 所示。

图 3-82　数据卷挂载的目标虚拟机

完成挂载后，就可以进入虚拟机的操作系统使用新的数据卷了。但是这里仅仅是挂载，还不能直接使用数据卷，还需要在操作系统中对磁盘进行格式化、分区等操作，读者可以查阅相关资料，在此不详细介绍。

3.4.4　取消附加磁盘

除了挂载数据卷，还可以进行数据卷的卸载，这时就需要使用取消附加磁盘的功能

（只有被挂载的数据卷才有取消附加磁盘的功能）。

在卷列表中，选中已经被挂载的数据卷，进入详细信息页面，如图 3-83 所示。

图 3-83 取消附加磁盘

由图 3-83 与图 3-81 的比较可以看出，被挂载后的数据卷，将会增添很多功能。在此点击"取消附加磁盘"按钮，在弹出的对话框中选择"是"，即可完成数据卷的卸载，如图 3-84 所示。

图 3-84 确定取消附加磁盘

3.4.5 下载卷

下载卷需要先将使用此卷的虚拟机停机或者将此卷从虚拟机上卸载，只有处于以上两种状态，卷的详细信息页面才会出现"下载卷"按钮，如图 3-85 所示。

单击"下载卷"按钮，在弹出的确认对话框中选择"是"，如图 3-86 所示。此时详细信息界面将变成灰色，表明系统正在进行下载的准备工作，如图 3-87 所示。

在这个准备工作中，系统将卷文件复制到二级存储中，然后由二级存储虚拟机生成下载 URL 链接，如图 3-88 所示，直接单击此 URL，即可以由浏览器自动进行下载。生成下载地址所需的时间主要由复制卷的速度决定，所以越大的卷等待的时间将会越长。

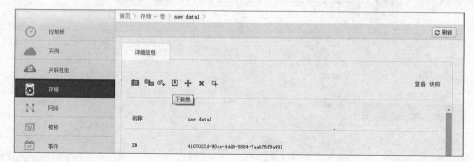

图 3-85　下载卷界面

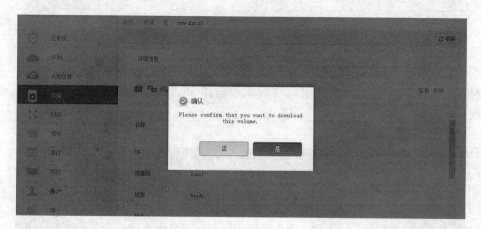

图 3-86　确认下载卷界面

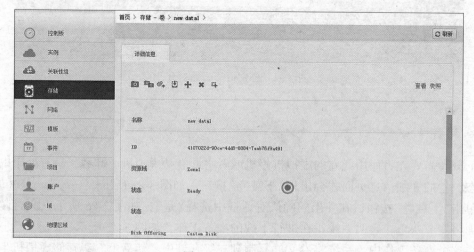

图 3-87　下载卷准备

图 3-88　二级存储虚拟机生成下载 URL 链接

3.4.6　迁移数据卷

CloudStack 支持将数据卷从一个主存储上迁移到另一个主存储上，但只支持数据卷的迁移，不支持根卷的迁移。允许迁移的条件是在取消附加或虚拟机停机之后。即使数据卷与根卷不在同一主存储上，虚拟机仍然可以正常运行。当主存储空间不足或者读写性能出现瓶颈，迁移数据卷都是很好的解决办法。

点击需要迁移的数据卷(数据卷一定要取消附加或虚拟机已经停机)，进入详细信息页面，如图 3-89 所示，点击"将卷迁移到其他主存储"按钮，在弹出的对话框中选择相应的主存储即可，如图 3-90 所示。

图 3-89　卷迁移到其他主存储

图 3-90　选择卷迁移到的主存储

117

3.4.7 删除数据卷

在"卷"列表中，点击需要删除的卷(如果该数据卷还被附加在虚拟机实例上，则需先取消附加磁盘。只有数据卷可以删除，对于根卷需要直接删除虚拟机实例)，进入详细信息页面，如图 3-91 点击"删除卷"按钮，在弹出的确认对话框中点击"是"即可，如图 3-92 所示。

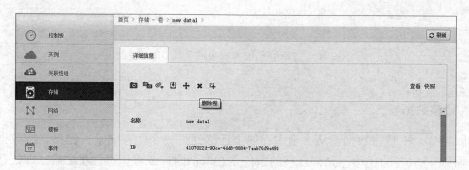

图 3-91　删除卷界面

图 3-92　确认删除卷

3.4.8 快照的创建与恢复

快照是虚拟化技术中的一个特别的功能。在虚拟机运行过程中设定一个快照点，无论虚拟机在之后产生了多少变化，都可以恢复到设定虚拟机快照时的状态。CloudStack 系统也有此功能，可以对根卷和数据卷分别进行快照操作。

1. 创建快照

在 CloudStack4.5.1 中，需要修改计算节点中的文件后，才能正常使用快照功能。
打开文件/usr/share/cloudstack-common/scripts/storage/qcow2/managesnapshot. sh

vi/usr/share/cloudstack-common/scripts/storage/qcow2/managesnapshot. sh

修改：

```
$qemu_img convert-f qcow2-O qcow2-s  $snapshotname  $disk  $destPath/ $destName>& /
dev/null
```

将其中的-s $snapshotname去掉，然后保存文件即可。

在管理主界面中选择"实例"，进入实例列表界面。点击需要创建快照的实例，如图
3-93 所示，在"详细信息"页面点击"查看卷"按钮，将列出该实例对应的所有卷，如图 3-
94 所示。

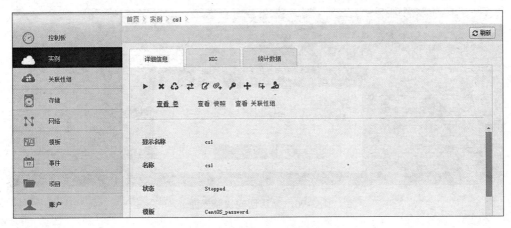

图 3-93　查看卷界面

图 3-94　卷列表

　　在卷列表中选择一个需要创建快照的卷，进入此卷的详细信息列表，就可以进行快照
操作了。由图中可以看到，有一个"创建快照"和一个"创建重现快照"按钮，在此点击"创
建快照"按钮，如图 3-95 所示。

　　在弹出的确认对话框中单击"确定"按钮，等待系统进行快照操作，如图 3-96 所示。

　　点击管理主界面的"存储"选项，在选择视图下拉列表中选择"快照"，即可进行快照
查询，如图 3-97 所示。可以通过状态来查询快照制作的状态，如果状态显示为
"BackedUp"，说明快照制作成功。

图 3-95 创建快照界面

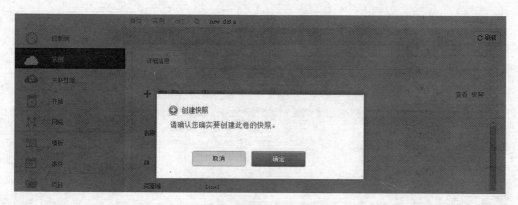

图 3-96 确认创建快照界面

图 3-97 快照查询

设置重现快照实际上是对卷进行周期性的自动快照设置，单击重现快照按钮，将弹出重现快照设置，如图 3-98 所示，可以设置执行快照的周期。

Schedule：执行快照的时间周期。

时间：执行快照操作的时刻。

时区：选择一个时区作为快照执行的时间标准。

Keep：设置快照保存的份数，默认的最大份数为 8 份，不同周期的最大份数可以分别进行设定。

图 3-98　设置重现快照

2. 恢复快照

快照恢复是指通过已经制作好的快照恢复模板或卷。

现对存储中的快照进行恢复操作。如图 3-99 所示，在"存储"页面选择"快照"视图，进入查看快照列表页面，单击需要恢复的快照，进入相应的详细信息页面，如图 3-100 所示。

图 3-99　快照视图界面

图 3-100　快照详细信息

在"快照"界面的左上角有三个按钮，分别是"创建模板"、"创建卷"、"删除快照"。建议将根卷的快照恢复为模板，将数据卷的快照恢复为卷，这样才可以正常使用。

单击"创建模板"按钮，将弹出"创建模板"对话框，填写相应信息，完成模板的创建，如图 3-101 所示。

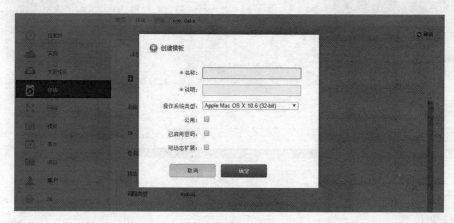

图 3-101　创建模板

单击"创建卷"按钮，将弹出"创建卷"对话框，如图 3-102 所示，填写完卷名称后单击确定按钮，等待系统创建新的卷。

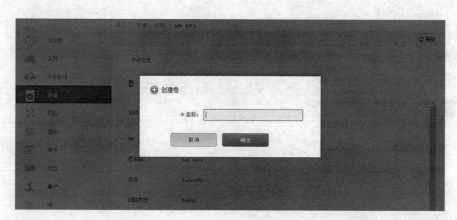

图 3-102　创建卷

从快照恢复的模板或者卷可以在对应的模板列表或卷列表中找到，只需按照其使用方法正常使用即可。

3.5　服务方案的使用

服务方案是 CloudStack 平台中的核心部件，与创建虚拟机的参数，以及虚拟机实例与计算节点、存储设备、网络架构之间的关系有关。

在 CloudStack 管理平台中,创建虚拟机的操作步骤,以及使用服务方案的方式和常规的方式有一些不同,CloudStack 是通过管理和使用服务方案的方式实现的。方案是整合配置一套参数并将其作为一种方案推出的,以供用户或系统使用。在每一个方案中可以看到很多可以配置的参数,用户在使用过程中直接选择一个方案即可。方案只能由管理员进行管理,最终用户只有使用权限。CloudStack 的服务方案有五种,分别是计算方案、系统方案、磁盘方案、网络方案以及 VPC 方案。

3.5.1 计算方案

计算方案是创建虚拟机的时候所需要的方案。在新创建的 CloudStack 系统中,默认已经包含了两个计算方案,如图 3-103 所示。

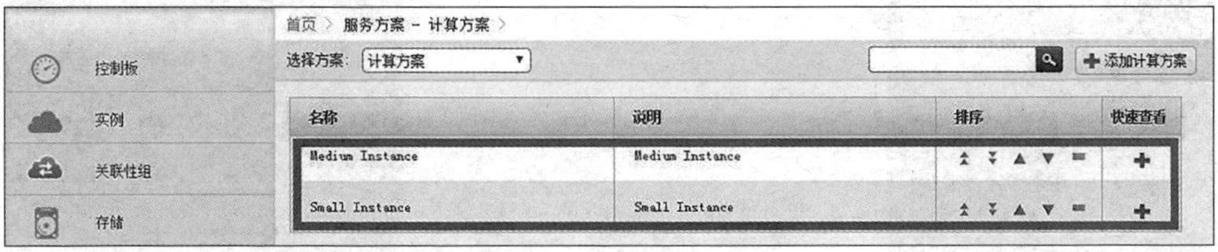

图 3-103　默认计算方案

在"Medium Instance"方案中使用了"shared"存储类型,使用了一个 1G 内核的 CPU 以及 1G 的内存。在创建虚拟机的实例时选择此计算方案,虚拟机实例会使用一个 1G 内核的 CPU 以及 1G 的内存并将虚拟机的镜像文件存储在共享类型的主存储中。CloudStack 在统计一个集群的 CPU 资源时,用该集群下所有物理 CPU 的主频乘以核数,得到一个总的频率值。例如一个集群下有三台物理主机,每台物理主机有两个物理 CPU,每个物理 CPU 有四核,主频为 2.2GHz,则 CloudStack 将显示此集群的 CPU 资源为 $3 * 2 * 4 * 2.2 = 52.8GHz$。当创建了使用此计算方案的虚拟机实例后,系统会记录此集群的 CPU 资源被分配了 1GHz 的频率(这里是分配,而不是实际的使用)。CloudStack 有阈值的功能,当一个集群的 CPU 总资源分配量达到一定的百分比时,会报警或禁止在此集群申请 CPU 资源。

还需要对计算方案参数进行配置。在"服务方案"页面的"选择方案"中选择"计算方案",单击右上角的"添加计算方案"按钮,进入计算方案添加界面,如图 3-104 所示。

图 3-104 中配置计算方案时有很多的参数配置。

名称:为新的计算方案添加名称。

说明:对此方案进行详细说明。

存储类型:shared(使用共享存储的主存储),local(使用计算节点的本地存储)。

CPU 内核数目:设定申请使用的 CPU 内核数目。

CPU(MHz):设定申请使用的 CPU 频率,不能超过物理 CPU 主频的上限。

内存:设定申请使用的内存资源数。

提供高可用性:创建带有此标志且使用共享存储的虚拟机实例,如果虚拟机所运行的

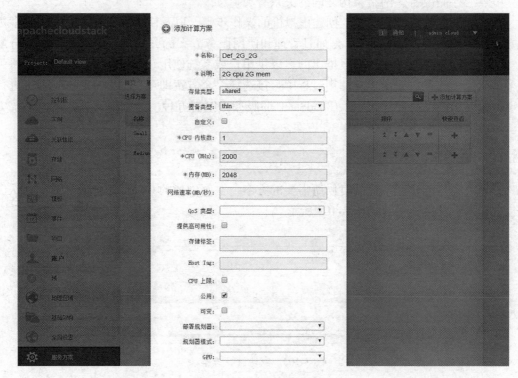

图 3-104   配置计算方案

主机出现意外故障，CloudStack 会在同一集群的另外一台主机上自动重启此虚拟机实例。

存储标签：指定将虚拟机镜像文件创建在带有相同标签的主存储上。

公用：是否为所有用户都可以使用的计算方案，默认"公开"。

系统管理员通过创建不同类型的计算服务方案，可以为用户提供创建虚拟机实例的整套方案，以满足不同用户对使用虚拟机的不同要求。需要注意的是，已经创建的计算方案，其参数不可以再次修改。

3.5.2   系统方案

系统方案与计算方案类似，参数的设定也比较类似，系统方案是特别提供给系统虚拟机使用的，如图 3-105 所示。

系统为每一种系统虚拟机添加了一个默认的系统方案，单击相应的系统方案，就可以查看其详细信息。

添加一个系统方案也比较简单。在系统方案界面单击右上角的"添加系统服务方案"按钮，会弹出相应的"添加系统服务方案"对话框，如图 3-106 所示。

相应的配置参数和计算方案中的配置参数类似。在添加系统服务方案中，多了一个"系统 VM 类型"选项，由于系统服务方案是为相应的系统虚拟机使用的，因此如果选择了"域路由器"，则此系统方案只供虚拟路由器类型的系统虚拟机使用。

图 3-105　系统方案参数设置

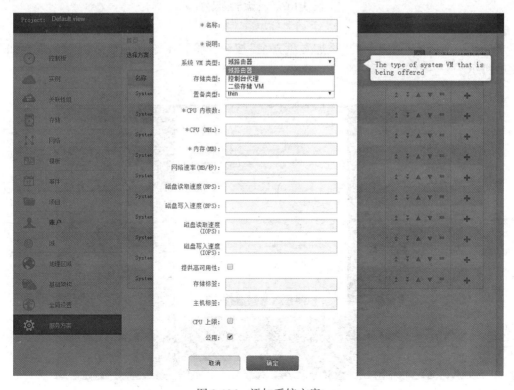

图 3-106　添加系统方案

3.5.3 磁盘方案

磁盘方案和计算方案类似，是为用户提供创建虚拟机所需的根卷或数据卷所使用的方案。CloudStack 系统默认建立了 4 个磁盘方案，如图 3-107 所示。

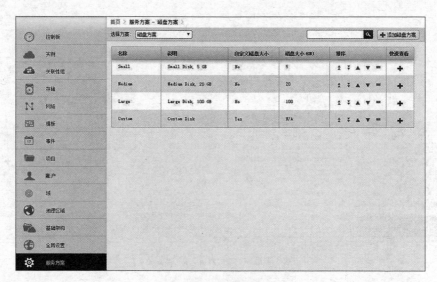

图 3-107　磁盘方案设置

单击"磁盘方案"右上角的"添加磁盘方案"按钮，将弹出添加磁盘方案对话框，如图 3-108 所示。

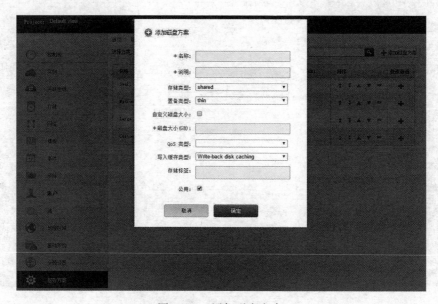

图 3-108　添加磁盘方案

名称：为新建的磁盘方案设定一个名称。

说明：为新建的方案添加详细的描述。

存储类型：shared(使用共享存储的主存储)，local(使用计算节点的本地存储)。

置备类型：分为 thin(精简置备)，fat(厚置备)以及 sparse(精简置备的另一种形式)，精简置备当创建一个指定大小的镜像时，但在硬盘上面不会真的马上占用指定大小的空间，而大小是在缓慢增加，用多少空间就占用多少空间，厚置备是指在创建一个指定大小的镜像时，在硬盘上将会占用指定的空间大小而无论镜像中有没有写东西。

自定义磁盘大小：指磁盘方案的容量是直接分配固定值还是在创建虚拟机的过程中动态指定。

磁盘大小：当使用非自定义磁盘时，指定的固定磁盘容量值。

服务质量：分为两种，Hypervisor 和 storage，是指通过哪种机制来实现存储的 qos 功能。

写入缓存类型：分为 no disk cache、write-back 和 write-thought。no disk cache 不指定磁盘缓存，write-back 和 write-thought 指当虚拟机在硬盘上面写文件，是马上返回还是等写入成功再返回，write-back 速度快，但可能丢数据，write-thought 速度慢，但不会丢数据。

公用：是否为所有用户都可以使用的磁盘方案，默认为"公开"。

3.5.4　网络方案

CloudStack 在网络管理方面的功能非常全面、强大，网络功能是 CloudStack 系统中重要的组成部分。CloudStack 默认已经添加了多个网络方案，如图 3-109 所示。

图 3-109　网络方案配置

单击任意一个网络服务方案，可以看到该服务方案的配置信息。已经添加的方案，则配置参数不能再更改，默认的网络方案不能被删除，只能禁用或者启用。

如果想添加一个新的网络方案，可以点击网络方案页面右上角的"添加网络方案"按钮，打开"添加网络方案"对话框，如图 3-110 所示。

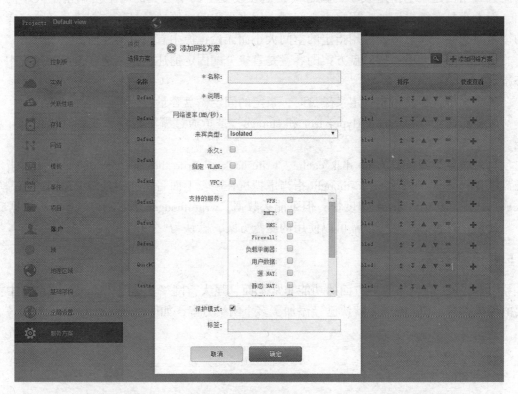

图 3-110　添加新的网络方案

名称：设置一个网络方案的名称。

说明：多此方案进行详细的说明。

网络速率：用于设定网络的带宽。

来宾类型："Isolated"（应用于隔离网络）和"Shared"（应用于共享网络）。

指定 VLAN：选择此项，则在此方案创建 VPC 或隔离网络时，可以指定 VLAN ID。

VPC：用于设置此网络方案是否应用于 VPC 网络。

支持服务：所有 CloudStack 可以提供的网络功能，可以根据需要进行选择。

保护模式：如果选择此项，则使用该方案的所有公共网络 IP 地址可以同时使用多种网络功能；如果不选择，则使用此方案的网络，一次只能提供一种功能。在 VPC 网络中，此选项是不可用的。

标签：指定带有相同标签的物理网络使用。

3.5.5 VPC 方案

VPC 方案是 CloudStack 系统中专为创建 VPC 网络所能选择和使用的网络方案。在 CloudStack 系统中默认会创建两种 VPC 网络方案，如图 3-111 所示。

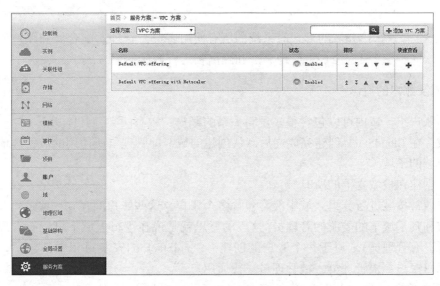

图 3-111　两种 VPC 网络方案

可以通过点击 VPC 网络服务界面右上角的"添加 VPC 方案"按钮，添加一个新的 VPC 方案，如图 3-112 所示。

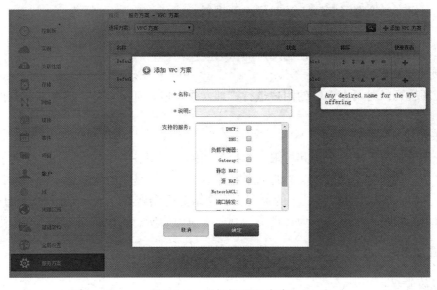

图 3-112　添加新 VPC 方案

填写必要的名称和说明，选择相应的所支持的服务，即可完成 VPC 网络的添加。此时在添加网络时，如果想创建一个 VPC 网络，则此网络方案将会在网络方案列表中出现，如果添加的是普通网络，则此方案将不会在网络列表中出现。

3.6　域和账户的使用

CloudStack 以账户和域的形式对系统的所有使用者进行管理。配合域和账户的组织形式，CloudStack 可以根据需求更好地分配和隔离物理资源的使用方式。

3.6.1　域及账户的概念

域即账户组，域内可以包含很多逻辑关系的账户。域有两类，具体如下：

根域：在 CloudStack 创建完成之后默认创建的域，即管理员所使用的域，其他新建的域都是根域的子域。

域：创建在根域之下的所有域。

账户通常按域进行分组。域中经常包含多个账户，这些账户间存在一些逻辑关系和一系列该域和其子域下的委派的管理员(这段的意思就是说在逻辑上域下可以有管理员，子域下也可以有管理员)。对于每个账户的创建，CloudStack 的安装过程中创建了三种不同类型的用户账户：根管理员，域管理员，普通用户。

1. 普通用户

用户就像是账户的别名。在同一账户下的用户彼此之间并非是隔离的。但是他们与不同账户下的用户是相互隔离的。大多数安装不需要用户的表面概念；他们只是每一个账户的用户。同一用户不能属于多个账户。

多个账户中的用户名在域中应该是唯一的。相同的用户名能在其他的域中存在，包括子域。域名只有在全路径名唯一的时候才能重复。

管理员在系统中是拥有特权的账户。可能有多个管理员在系统中，管理员能创建删除其他管理员，并且修改系统中任意用户的密码。

2. 域管理员

域管理员可以对属于该域的用户进行管理操作。域管理员在物理服务器或其他域中不可见。

3. 根管理员

根管理员拥有系统完全访问权限，包括管理模板，服务方案，客户服务管理员和域。

用户是登录和使用 CloudStack 的基本账号单位，账户是一组用户的集合，域是一组账户的集合。CloudStack 可以将一定的物理资源网络分配给账户，而不是用户。用户继承配置账户角色的权限，如果账户为管理员，则此账户内的所有用户都有域管理员权限。

3.6.2　域及用户的管理

1. 域的管理

登录 CloudStack，在导航选项中单击"域"选项，可以看到如图 3-113 所示的界面。

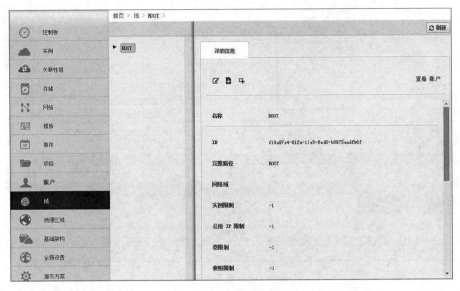

图 3-113　域信息界面

（1）添加域

默认情况下只有 ROOT 域。在此根域的详细信息页面单击左上角第二个按钮（添加域），将弹出"添加域"对话框，用于创建 CloudStack 系统的第一个域，如图 3-114 所示。

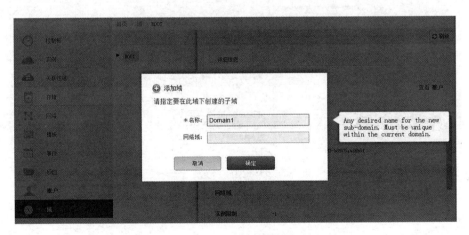

图 3-114　添加域界面

为域填写一个名称，单击"确定"按钮后，刷新页面，单击"ROOT"左边的三角形按钮，将会看到刚刚创建的域"Domain1"，如图 3-115 所示。

选中"Domain1"，继续添加一个域"Domian2"，添加后查看"Domain2"的详细信息，通过左边的树形结构以及"Domian2"域的完整路径，可以清楚地知道这个域所在的层级及其父级域的关系，如图 3-116 所示。

131

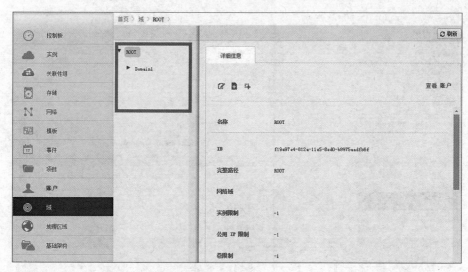

图 3-115　添加的新域

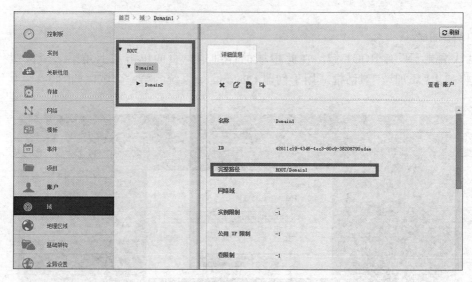

图 3-116　域的层次关系

（2）删除域

单击计划删除的域，在其详细信息界面单击"删除"按钮即可。

删除域的时候有以下几个条件需要注意：

➤ 如果域中包含账户，需要先删除账户，然后才可以删除域。

➤ 如果域中包含下级子域，需要先删除下级子域后才可以删除父域。

➤ 根域（ROOT）不可以删除。

（3）配置和管理域

在配置和管理域中，主要是以域为范围限制域内所使用的资源数量。选中需要配置的域，在详细信息页面单击"编辑域"按钮，如图 3-117 所示。

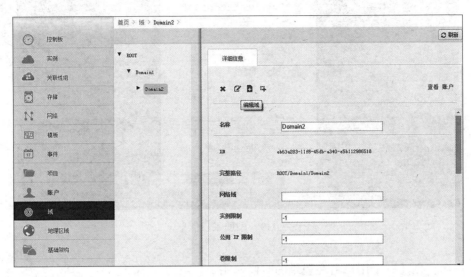

图 3-117 编辑域界面

除修改名称外，可以对实例的数量、公用 IP 地址的数量、模板的数量等进行资源使用限制。默认配置为"-1"，代表无限制，可以填入任意的数值以设置策略。

2. 账户的管理

登录 CloudStack，在导航选项中单击"账户"选项，可以看到如图 3-118 所示的界面。

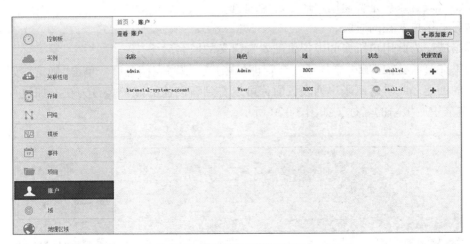

图 3-118 账户信息界面

（1）添加账户

单击界面右上角的"添加账户"按钮，会弹出"添加账户"对话框，如图 3-119 所示。

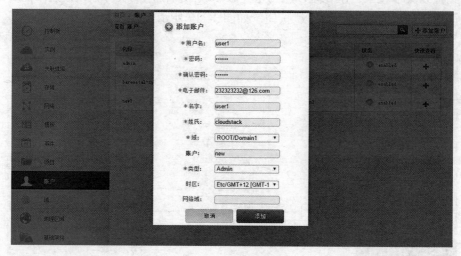

图 3-119　添加账户信息

用户名：创建一个用户名在登录的时候使用。

密码：登录名对应的密码。

电子邮件：当发生与此账户相关的警告时会发送邮件到此地址。

名字：此账户使用者的名字。

姓氏：此账户使用者的姓氏。

域：此账户所在的域。

账户：为新账户创建名称，如果不填写将会使用默认的与用户名相同的账户名。

类型：设置账户是普通用户还是域管理员。

时区：用户所在的时区。

网络域：为此用户所属的虚拟机配置自定义的域名后缀。

这里在"Domain1"域中添加了一个管理员账户，填写完信息后，单击"确定"按钮，完成账户的创建。此时返回账户列表页面，可以看到新创建的账户名称为在添加过程中"账户"文本框中所填写的名称，如图 3-120 所示。

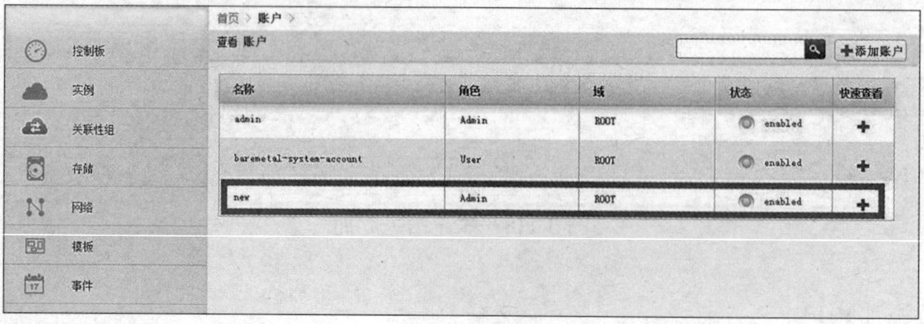

图 3-120　新添加的账户列表

单击"new"账户，如图 3-121，再单击"详细信息"页面右上角的"查看用户"按钮，可以看到用户的名称"user1"，所以在创建账户的同时，也创建了账户内的第一个用户，用户名即为创建账户时候的"用户名"，如图 3-122 所示。

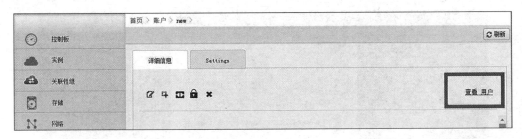

图 3-121　查看账户中的用户名

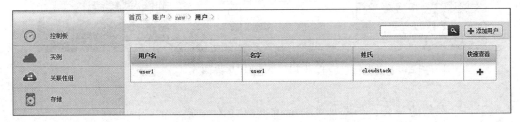

图 3-122　账户中的用户名信息

通过同样的方法，在创建账户时的"类型"中选择"User"，就可以添加普通账户，在域"Domain1"中添加一个 user2 账户，如图 3-123 所示。

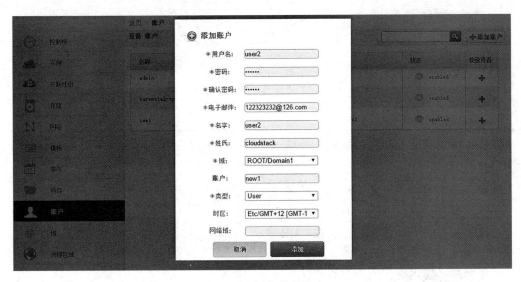

图 3-123　添加普通账户

135

（2）添加用户

在图 3-123 中的用户查看页面，单击右上角的"添加用户"按钮，添加新的用户，此时会弹出"添加用户"对话框，如图 3-124 所示，单击"确定"完成添加。

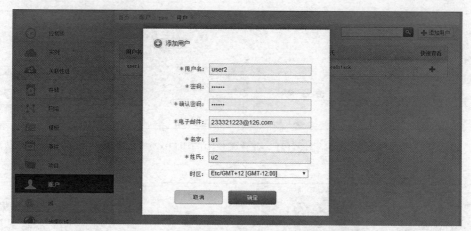

图 3-124　添加用户界面

关于各个参数的意义，与添加账户时的参数意义一致。

此时再次进入用户管理页面就会看到刚刚创建的用户了，如图 3-125 所示。

图 3-125　新添加的用户信息

（3）删除用户

在用户列表界面中选择计划删除的用户，进入详细信息页面，在用户的详细信息页面有五个按钮：

编辑：用于编辑用户名、邮箱、姓名等信息。

更改密码：更改用户的密码。

生成密钥：点击该按钮后，会在"API 密钥"和"密钥"两栏中生成一串密钥，可用于用户调用 API 等操作。

禁用用户：禁用后，该用户将无法登录和使用系统。

删除用户：删除当前的用户。

单击"删除用户"按钮，即可完成用户的删除，如图 3-126 所示。

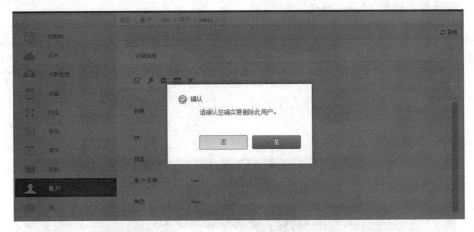

图 3-126　删除用户

（4）删除账户

在账户管理页面选择计划删除的账户，进入详细信息页面，在账户的详细信息页面有五个按钮：

编辑：用于设定此账户的资源使用限制等信息。

更新资源数量：将会手动刷新当前账户下使用资源的数量。

禁用账户：禁用后，该账户内的所有用户将无法登录和使用系统。

锁定账户：锁定账户后，账户内的用户仍然可以登录和使用系统中已经申请的资源，但是不能再申请新的资源。

删除账户：删除当前的账户。

点击"删除账户"按钮，在弹出的确认删除对话框中点击"是"按钮之后才能删除（删除账户时会将账户内所有的用户都删除），如图 3-127 所示。

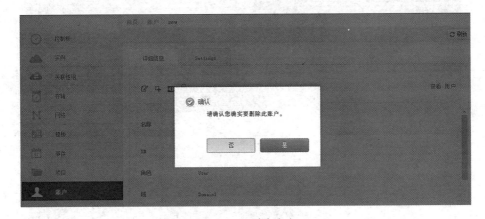

图 3-127　删除账户

3.6.3　普通用户登录 CloudStack

　　创建了域、账户和用户之后，不同的角色登录系统的方法和使用的功能将会与管理员的登录完全不一样。

　　首先使用域管理员用户登录，之前创建的域管理员的用户名是"user1"，密码是"111111"，属于"Domain1"域，因此在登录页面上，除了要填写用户名和密码外，还需要选择相应的域，如图 3-128 所示。

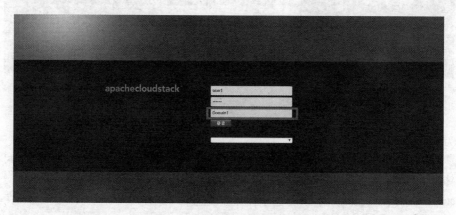

图 3-128　CloudStack 系统登录界面

　　使用域管理员登录后，看到的界面与系统管理员登录看到的界面相差很多，如图 3-129 所示。域管理员除了可以申请资源，还可以查看自己所管辖的域内的子域的所有账户和用户信息。

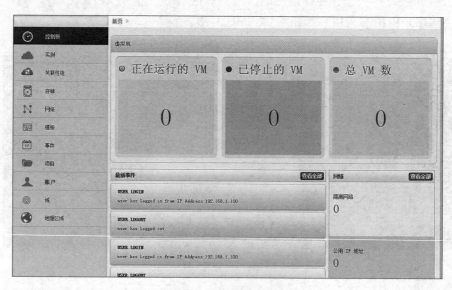

图 3-129　域管理员界面

而使用普通账户登录后，管理界面如图 3-130 所示，除了完整的资源申请功能外，无法查看域信息，在账户页面也只能看到用户所属账户的所有用户列表。

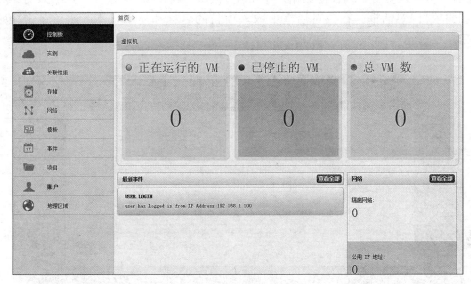

图 3-130　普通账户界面

无论是何种角色的账户，创建和管理虚拟机或资源的操作方式都是一致的。

3.7　项目的使用

在 CloudStack 中，可以根据需要创建不同的项目来实现人员和资源的逻辑分组。每一个项目内的成员，可以共享所有的虚拟机资源。CloudStack 会跟踪每一个项目中的资源使用情况。

CloudStack 可以配置为允许任何人创建项目，也可以配置为只允许管理员创建项目。项目被创建后只有一个项目管理员。项目管理员可以将权限和资源分配给该项目的其他用户。项目的成员可以查看和管理项目中的所有虚拟机资源。项目管理员可以更改整个项目虚拟资源受限的数量。一个用户可以属于多个项目，一个项目也可以用于多个用户。

项目的使用和用户域是分不开的。项目允许同一个域中不同的账户共享和管理虚拟资源。在项目中，只有项目管理员可以邀请或阻止同一个域中的不同账户到项目中去。

3.7.1　创建项目

如果想让普通角色的用户也能够创建项目，可以在全局设置中检查"allow. user. create. projects"参数的值是否为"true"。

可以参考以下步骤创建一个项目。

（1）根据之前创建的域和账户，在这里选择"Domain1"域的管理员"user1"进行操作。如果使用默认的管理员账户登录，创建的项目将会属于根域；如果项目属于普通域，则使用该域下的管理员账户进行项目的创建。

（2）使用"user1"账户登录后，单击导航栏中的"项目"选项，会显示项目的详细信息。如果是第一次进入会看不到任何数据。单击左上角的"新建项目"按钮，弹出如图 3-131 所示的"创建项目"对话框，在该对话框中输入项目的名称和显示文本，然后单击"创建项目"按钮。

图 3-131　创建项目

（3）此时对话框以只读形式显示刚刚创建的项目名称和显示文本，如图 3-132 所示。如果要继续添加账户，就单击"添加账户"按钮，向导会一步步指导完成添加。

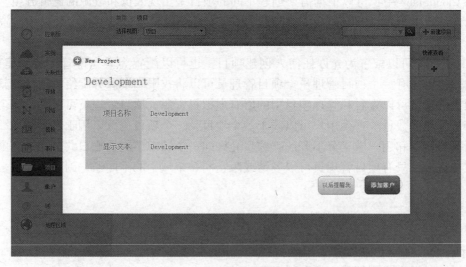

图 3-132　创建新的项目信息

（4）单击"添加账户"按钮，添加向导会变成添加账户的界面，如图 3-133 所示。输入在之前创建的"new1"账户进行添加。（只能添加相同域内的账户，不能添加不同域中的账户或者同一域中的用户）。

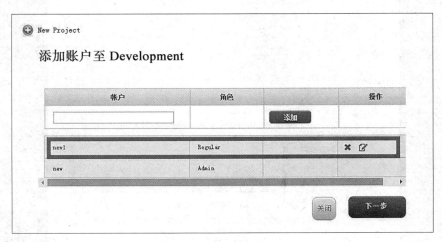

图 3-133　添加项目账户

（5）单击"下一步"按钮再次核对信息，如图 3-134 所示。在"资源"选项卡中可以对此项目使用的资源进行限制，如图 3-135 所示：

图 3-134　核对添加账户信息

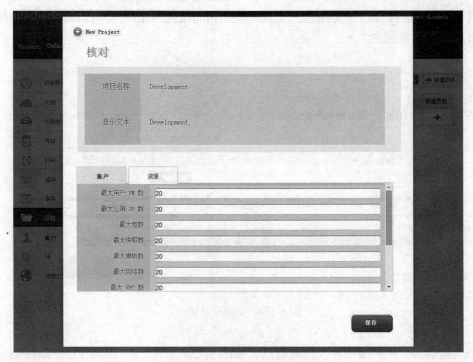

图 3-135　项目使用的资源限制

（6）单击"保存"按钮，项目就创建完成了。

3.7.2　管理项目

在项目列表页面检查这个名为"Development"的项目，因为是由属于"Domain1"域的管理员创建的，因此该项目属于"Domain1"域，而且处于激活状态，如图 3-136 所示。

图 3-136　项目的状态

单击项目，会显示"详细信息"、"账户"、"资源"三个选项卡，如图 3-137 所示。

"详细信息"选项卡主要提供用户对该项目的控制操作，如显示名称修改、项目禁用和删除。在"详细信息"选项卡中，有"编辑"、"暂停项目"、"删除项目"三个按钮。项目暂停后，项目中已有的虚拟资源和账户都不可用，也不能创建新的用户和虚拟资源。项目被删除之后，项目中的所有资源和账户都会被删除和释放。

图 3-137 项目信息

　　"账户"选项卡提供了账户的管理功能。在该选项卡中可以看到，项目创建向导中的两个账户已经显示在该项目成员列表中，如图 3-138 所示。如果需要添加或删除账号，可以在此页面进行管理。"new"账户为创建者，则其角色为"Admin"，后续添加的角色都是"Regular"，如果此时选择"new1"中的用户登录，将无法看到项目内的账户列表和资源信息，如图 3-139 所示。

图 3-138 项目的账户信息列表

图 3-139　后续添加的角色查看权限

"资源"选项卡可以设定这个项目能拥有的虚拟资源数量,如图 3-140 所示。

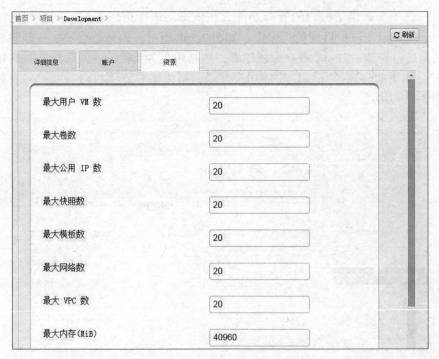

图 3-140　项目资源限制设置

资源限定只有域管理员的账户才能进行设置，即使是普通用户创建的项目，也只能由域管理员进行设置。项目默认的资源限制数量都是 20(可以在全局设置中修改每个项目默认的资源使用量)，如果项目在使用一段时间后，管理员修改的资源限制数量小于目前项目中实际使用的资源数量，那么已有的资源是不受影响的，但是将无法再申请新的资源。

3.7.3 邀请设定

为了让其他用户也能方便地加入项目，CloudStack 提供了邀请功能，管理员可以直接将现有的成员添加到项目中，也可以通过发送邀请的方式邀请用户加入。如果想采取发送邀请的方式来添加成员，首先需要在全局设置中修改参数"project. invite. required"的值为"true"。除了这个参数之外，还有其他几个参数也需要设定，具体如下：

project. email. sender：设定邮件发送者的电子邮箱。

project. invite. timeout：设定邀请的有效时间。

project. smtp. host：设置邮件发送服务器的主机。

project. smtp. port：设定 SMTP 服务器监听的端口。

如果 SMTP 服务器需要认证，那么需要设定参数 project. smtp. useAuth 的值为"True"并配置 project. smtp. username 和 project. smtp. password 参数，在其中分别填写为 SMTP 服务器的认证账户和密码。这些配置完成后，请重启服务使之生效。

重新登录系统后，查看项目列表，单击刚刚创建的"Development"项目，可以看到新增了一个名为"邀请"的选项卡，如图 3-141 所示。单击该选项卡，可以通过输入被邀请者的电子邮件地址或账户名称两种方式来邀请用户加入项目。(被邀请的账户需要和项目属于同一个域)

图 3-141　邀请用户界面

被邀请的用户登录 CloudStack 后，界面上会出现如图 3-142 所示的提示信息。在项目选项中"选择视图"下拉列表中选择"邀请"，可以看到处于"Pending"状态的新邀请，如图

3-143 所示，在操作区域单击"加入"或"取消"按钮，即可完成操作。

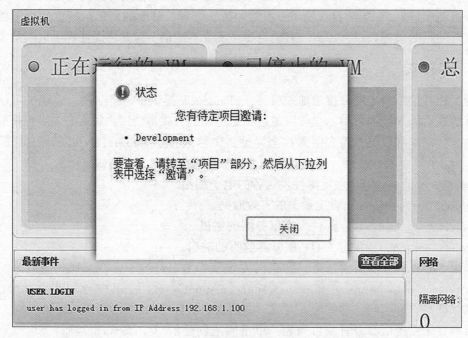

图 3-142 新邀请用户状态

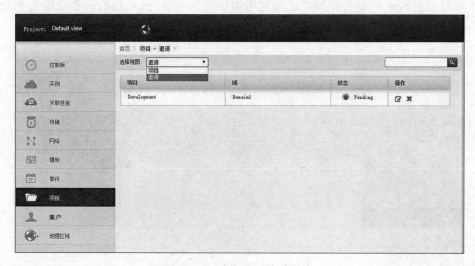

图 3-143 确定是否接受邀请

通过输入电子邮件地址发送邀请邮件给被邀请者。每一封电子邮件都有一个唯一的令牌用于进行被邀请用户的确认。

用户登录后，进入项目的邀请列表页面，单击右上角的"输入令牌"按钮，如图 3-144 所示，会弹出一个对话框，如图 3-145 所示，在其中输入从邮件中获取的项目 ID 和令牌字符串，完成接受邀请操作。

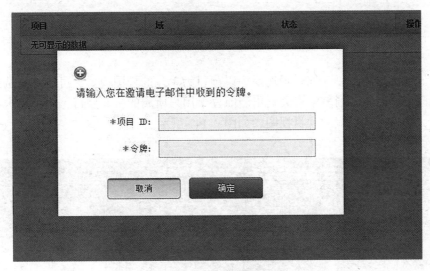

图 3-144　邀请令牌

图 3-145　确认接受邀请

3.7.4　移除项目成员

在 CloudStack 中，项目的拥有者、域管理员和 CloudStack 的管理员有权移除项目中的成员。如果被移除的成员仍有未释放的资源，那么这些资源在成员被移除后仍然存在，并可以被项目中的其他成员使用。

移除项目成员的步骤如下：

(1)在项目列表中选中需要移除成员的项目，点击"账户"选项卡，如图 3-146 所示。

(2)找到要删除的账户，在操作区域中点击"删除"按钮，完成操作。(默认的管理员账户是不能被删除的)

3.7.5　项目的管理

所有的用户登录 CloudStack 系统后，看到的都是默认形式显示的页面，默认形式包含左边的导航栏和右边的内容栏。CloudStack 提供了另外一种风格的显示视图，就是以项目

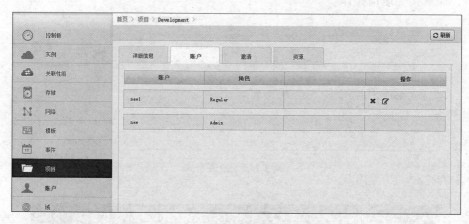

图 3-146　需要移除的项目账户信息列表

为单位来显示资源的数量。如果想切换为以项目为单位的视图模式，可在首页选择左上角的"Project"下拉列表，列表中将会列出当前登录用户所属的所有项目，用户单击要查看的项目名称，即可进入相应的项目视图，如图 3-147 所示。

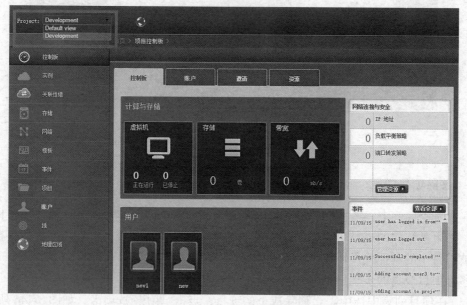

图 3-147　项目管理视图

在项目视图中，可以看到当前的资源使用情况以及用户情况，在页面的右下角可以看到所有的事件列表。可以在该视图模式下创建新的虚拟机实例、存储和网络，项目内的所有成员都有对这些资源进行操作的权限。

4　CloudStack 的开发

4.1　Linux 开发环境安装及配置

本章使用的操作系统类型为 CentOS6.5，源码版本为 4.5.1。在 CloudStack 中，4.1 版本是一个分水岭，在 4.1 之前使用 Ant 进行编译，在 4.1 及之后的版本使用 Maven 进行编译，建议使用模板"CloudStack 模板 2"创建一台内存为 512M，CPU 为 500MHz 的虚拟机实例进行本章节的实验。

4.1.1　获取 CloudStack 代码

开源软件最大的特点就是开放源代码，CloudStack 作为 Apache 的一个顶级开源项目，允许所有人对软件进行更改并再次开发，同时也不限制任何商业目的的使用。开发者只需要在源文件的开头保留 Apache 许可证即可。

Apache 的所有顶级项目都会在 Apache 网站上有专属的入口，形如"<项目名称>. apache. org"，因此有关 CloudStack 的信息都可以在"http：//cloudstack. apache. org"中找到。

CloudStack 社区每次发布新的版本都会放到 http：//cloudstack. apache. org/downloads. html 页面下，在这里除了官方发布的最新版本外，还可以找到以往发布的版本。本章将讲述 CloudStack 的开发环境安装、API 调用、代码分析入门等与开发相关的知识。

通常情况下，Apache 只发布符合其许可规范的源码，而不是二进制安装包。如果需要二进制安装包，可以通过官方构建服务器获得相应的版本，地址为 http：//jenkins. buildacloud. org/。建议先学习 CloudStack 的构建方式，再使用官方发布的源码标签来构建一个与官方发布的一模一样的二进制包。

CloudStack 和 CloudStack NonOSS 的区别："NonOSS"是"Non Open Source Software"的缩写。由于 CloudStack 在捐献给 Apache 基金会后，所有源码的许可证都已经改为 Apache2. 0 格式，对于贡献者所提交的功能或修复，一定要遵守格式才有可能进入主版本，因此源码不会产生许可不一致的情况，只有用到某些库的时候可能会产生许可不兼容的问题。因此掌握构建 CloudStack 二进制包的好处显而易见——可以控制生成自己想要的东西。由此可知，CloudStack NonOSS 版本实际上是包含 OSS 版本的。

同时可以通过访问以下网址获取源码，然后将下载的源码拷贝到相应的目录下：
https：//github. com/apache/cloudstack/releases。

下载需要的版本，本章使用的源码版本是 4.5.1。

4.1.2　安装相关依赖软件

在 Linux 上安装 CloudStack 开发环境之前，需要安装多个依赖软件（在模板 "CloudStack 模板 2"中，已经安装好了相应的依赖软件，如果是使用模板"CloudStack 模板 2"创建的虚拟机实例，则无需再次进行安装，如果没有使用模板"CloudStack 模板 2"创建的虚拟机实例，则需要进行下面(1)、(2)步骤的依赖软件安装)。

（1）安装 Development Tools。

```
yum groupinstall "Development Tools"-y
```

（2）执行以下命令安装相关的依赖软件。

```
yum install git java-1. 7. 0-openjdk java-1. 7. 0-openjdk-devel mysql mysql-server mkisofs gcc
python MySQL-python openssh-clients wget rpm-build ws-commons-util net-snmp genisoimage-y
```

4.1.3　安装 Maven

CloudStack 需要使用 Maven3.0 及以上的版本，执行以下命令获取相应的安装包(在模板"CloudStack 模板 2"中，已将安装文件下载至/usr/software/目录下，如果是使用模板 "CloudStack 模板 2"创建的虚拟机实例，可以直接将/usr/software/apache-maven-3. 0. 5-bin. tar. gz 复制到/usr/local/目录下，而无需联网进行下载)。

```
cd /usr/local/
（wget  http://www. us. apache. org/dist/maven/maven-3/3. 0. 5/binaries/apache-maven-
3. 0. 5-bin. tar. gz）
```

解压安装包，并重命名。

```
cd /usr/local/
tar-zxvf apache-maven-3. 0. 5-bin. tar. gz
mv apache-maven-3. 0. 5 maven
```

修改 ~/. bashrc 文件。

```
vi ~/. bashrc
```

添加以下内容。

```
export M2_HOME=/usr/local/maven
export PATH= $PATH： $M2_HOME/bin
```

为了使修改生效，执行以下命令。

```
source ~/. bashrc
```

输入以下命令验证 maven 是否安装成功，如图 4-1 所示。

```
mvn-version
```

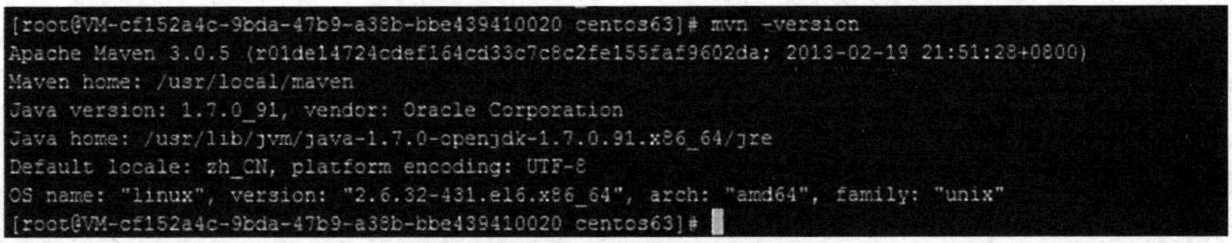

```
[root@VM-cf152a4c-9bda-47b9-a38b-bbe439410020 centos63]# mvn -version
Apache Maven 3.0.5 (r01de14724cdef164cd33c7c9c2fe155faf9602da; 2013-02-19 21:51:28+0800)
Maven home: /usr/local/maven
Java version: 1.7.0_91, vendor: Oracle Corporation
Java home: /usr/lib/jvm/java-1.7.0-openjdk-1.7.0.91.x86_64/jre
Default locale: zh_CN, platform encoding: UTF-8
OS name: "linux", version: "2.6.32-431.el6.x86_64", arch: "amd64", family: "unix"
[root@VM-cf152a4c-9bda-47b9-a38b-bbe439410020 centos63]#
```

图 4-1　验证 maven 是否安装成功

4.1.4　安装 Ant

在编译 CloudStack4.1 之前的版本时，需要使用 Ant 编译，因此需要安装 Ant。编译 CloudStack4.1 及之后的版本则不需要(由于本书实验编译的版本为 4.5.1，因此不需要安装 Ant)。

如果需要，可以通过以下的命令安装 Ant：

```
cd /usr/local/
wget http：//www. us. apache. org/dist/ant/binaries/apache-ant-1. 9. 5-bin. tar. gz
```

解压文件，并将文件夹重新命名。

```
tar － zxvf apache-ant-1. 9. 5-bin. tar. gz
mv apache-ant-1. 9. 5 ant
```

编辑"~/. bashrc"文件。

```
vi ~/. bashrc
```

在文件末尾输入以下内容：

```
export ANT_HOME=/usr/local/ant
export PATH=$ ANT_HOME/bin： $PATH
```

为了使修改生效，执行以下命令：

```
source ~/. bashrc
```

4.1.5 安装 Tomcat

在编译 CloudStack4.5.1 源码时，需要另外安装 Tomcat6，否则将会出现"error：Failed build dependencies：tomcat6 is needed by cloudstack-4.5.1-1. el6. x86_64"错误。通过以下命令安装 Tomcat6(在模板"CloudStack 模板 2"中，已将安装好了 Tomcat6，如果是使用模板"CloudStack 模板 2"创建的虚拟机实例，无需再安装)。

```
yum install tomcat6
```

4.1.6 编译 CloudStack

从 https：//github. com/apache/cloudstack/releases 获取 CloudStack4.5.1 的源码。
cloudstack-4.5.1. tar. gz
将源码复制到/usr/local/目录下，运行如下命令将源码包解压(在模板"CloudStack 模板 2"中，已将源码文件下载解压至/usr/software/目录下，如果是使用模板"CloudStack 模板 2"创建的虚拟机实例，可以直接将/usr/software/cloudstack-4.5.1 复制到/usr/local/目录下，而无需进行下载解压)。

```
cd /usr/local/
tar-zxvf cloudstack-4.5.1. tar. gz
```

修改相应的源码文件。

```
cd/usr/local/cloudstack-4.5.1
viservices/console-proxy-rdp/rdpconsole/src/test/java/rdpclient/MockServerTest. java
```

修改方法 setEnabledCipherSuites 中的参数，修改为以下内容：

sslSocket. setEnabledCipherSuites(new String[ ]｛ "SSL_DH_anon_WITH_3DES_EDE_CBC
_SHA" ｝);

切换目录。

cd/usr/local/cloudstack-4. 5. 1/packaging/centos63/

执行脚本，开始编译源码(由于网速的原因可能会导致编译过程中出现未知的错误，如果在编译过程出现错误中断编译，可以重新执行脚本，系统将会继续之前的编译。本书实验在编译的过程中出现过五次错误中断，错误提示如图 4-2 所示。多次重新执行脚本后，最终编译成功)。

./package. sh

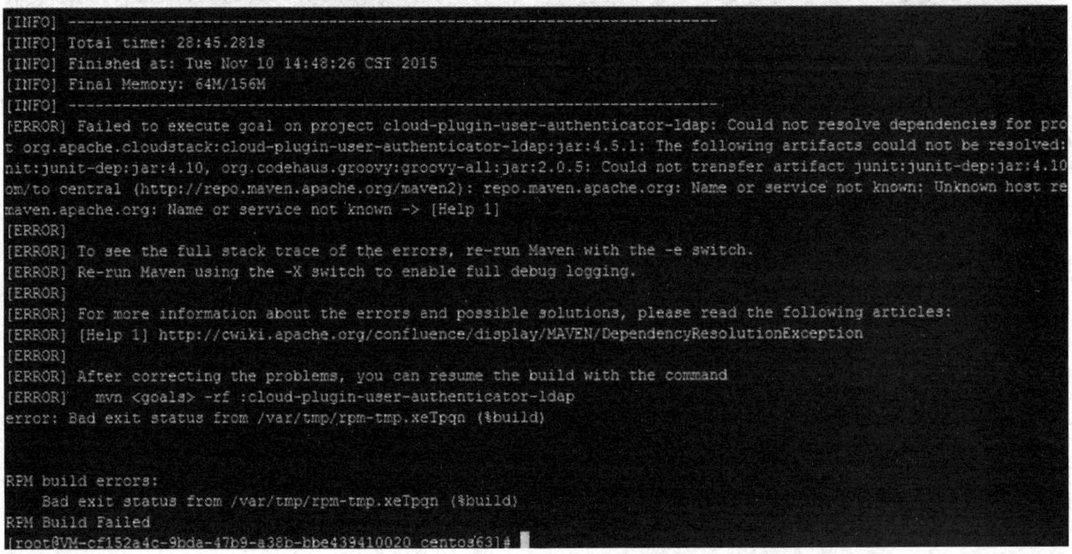

图 4-2　编译过程出现错误

如果执行脚本时出现"-bash：./package. sh：权限不够"信息，则需要运行如下命令修改脚本的执行权限，如图 4-3 所示。

chmod 777 package. sh

```
[root@VM-c6415a60-37a0-4a3a-90b8-cb0499e33fbd centos63]# ./package.sh
-bash: ./package.sh: 权限不够
[root@VM-c6415a60-37a0-4a3a-90b8-cb0499e33fbd centos63]# chmod 777 package.sh
[root@VM-c6415a60-37a0-4a3a-90b8-cb0499e33fbd centos63]# ./package.sh
-D_os default
```

图 4-3　修改脚本的执行权限

等待编译完成(时间长短与网速相关)，当出现类似“RPM Build Done”字样时，说明编译完成，如图 4-4 所示。

```
Requires(pre): /bin/sh
Requires: /bin/bash /usr/bin/python
Obsoletes: cloud-aws-api < 4.1.0
Checking for unpackaged file(s): /usr/lib/rpm/check-files /usr/local/cloudstack-4.5.1/dist/rpmbuild/BUILDROOT/cloudstack-4.5.1-1.el6.x86_64
Wrote: /usr/local/cloudstack-4.5.1/dist/rpmbuild/RPMS/x86_64/cloudstack-management-4.5.1-1.el6.x86_64.rpm
Wrote: /usr/local/cloudstack-4.5.1/dist/rpmbuild/RPMS/x86_64/cloudstack-common-4.5.1-1.el6.x86_64.rpm
Wrote: /usr/local/cloudstack-4.5.1/dist/rpmbuild/RPMS/x86_64/cloudstack-agent-4.5.1-1.el6.x86_64.rpm
Wrote: /usr/local/cloudstack-4.5.1/dist/rpmbuild/RPMS/x86_64/cloudstack-baremetal-agent-4.5.1-1.el6.x86_64.rpm
Wrote: /usr/local/cloudstack-4.5.1/dist/rpmbuild/RPMS/x86_64/cloudstack-usage-4.5.1-1.el6.x86_64.rpm
Wrote: /usr/local/cloudstack-4.5.1/dist/rpmbuild/RPMS/x86_64/cloudstack-cli-4.5.1-1.el6.x86_64.rpm
Wrote: /usr/local/cloudstack-4.5.1/dist/rpmbuild/RPMS/x86_64/cloudstack-awsapi-4.5.1-1.el6.x86_64.rpm
Executing(%clean): /bin/sh -e /var/tmp/rpm-tmp.onlDVb
+ umask 022
+ cd /usr/local/cloudstack-4.5.1/packaging/centos63/../../dist/rpmbuild/BUILD
+ cd cloudstack-4.5.1
+ '[' /usr/local/cloudstack-4.5.1/dist/rpmbuild/BUILDROOT/cloudstack-4.5.1-1.el6.x86_64 '!=' / ']'
+ rm -rf /usr/local/cloudstack-4.5.1/dist/rpmbuild/BUILDROOT/cloudstack-4.5.1-1.el6.x86_64
+ exit 0
RPM Build Done
[root@VM-cf152a4c-9bda-47b9-a38b-bbe439410020 centos63]#
```

图 4-4　编译完成

4.1.7　编译 RPM 包

在“2.5 编译 CloudStack”中，如果成功编译之后，将可以在 CloudStack 的文件路径对应的 dist/rpmbuild/RPMS/x86_64 目录下(本书中对应的绝对路径为/usr/local/cloudstack-4.5.1/dist/rpmbuild/RPMS/x86_64)看到生成的 RPM 文件，如图 4-5 所示。

```
[root@VM-cf152a4c-9bda-47b9-a38b-bbe439410020 centos63]# cd /usr/local/cloudstack-4.5.1/dist/rpmbuild/RPMS/x86_64
[root@VM-cf152a4c-9bda-47b9-a38b-bbe439410020 x86_64]# ls
cloudstack-agent-4.5.1-1.el6.x86_64.rpm             cloudstack-common-4.5.1-1.el6.x86_64.rpm
cloudstack-awsapi-4.5.1-1.el6.x86_64.rpm            cloudstack-management-4.5.1-1.el6.x86_64.rpm
cloudstack-baremetal-agent-4.5.1-1.el6.x86_64.rpm   cloudstack-usage-4.5.1-1.el6.x86_64.rpm
cloudstack-cli-4.5.1-1.el6.x86_64.rpm
[root@VM-cf152a4c-9bda-47b9-a38b-bbe439410020 x86_64]#
```

图 4-5　生成的 RPM 文件

4.1.8　编译后的 RPM 包的安装

按照前面的操作，已经成功编译出了 RPM 包，将 RPM 包所在的目录配置为 YUM 源，就可以通过“yum”命令进行安装了。

关于具体的安装过程，可以参考第二章的内容。

4.1.9 如何处理不能上网的问题

在安装的过程中，由于需要下载 Ant、Maven 等软件，所以需要上网，但是有些环境中不能上网，在不能上网的环境中应该注意哪些问题呢？

对于 Ant、Maven 和 Tomcat，可以使用能上网的计算机下载软件压缩包，然后将软件包上传到不能上网的计算机中，再进行相应操作。

CloudStack 的依赖包通过在可以上网的计算机里安装 CloudStack 的开发环境，然后执行"mvn-P deps"命令的方法下载相应的文件，依赖包存储在用户文档目录的".m2"子目录下。例如，root 用户的依赖包存储在"/root/.m2/"目录下，s1 用户的依赖包存储在"/home/s1/.m2/"目录下，将".m2"目录压缩后上传到 CloudStack 编译计算机的用户文档目录中并解压。完成上述工作后，再次进行编译，CloudStack 就可以完成编译了。

4.1.10 CloudStack 编译简述

CloudStack4.1 及以后的版本完全改为使用 Maven 构建整个项目。编译环境中除了不需要单独安装 Ant 工具外，其他安装步骤与 CloudStack4.1 之前的版本安装步骤是相同的。CloudStack 提供了 RPM 和 DEB 的安装包，用来在 CentOS 或者 Ubuntu 上进行安装。这里所讨论的是在 CentOS 上进行构建的，而 RPM 的生成需要依赖 rpmbuild 工具，所以在 CentOS 上可以方便地生成 RPM 包。DEB 包的生成依赖于 dpkg-* 工具，所以如果想生成 DEB 包，最好在 Ubuntu 上进行，因为在 Ubuntu 的开发环境中已经集成了相应的支持工具。只要有相应的工具，只需要很简单的操作就可以生成相应的安装包。

4.2 使用 Eclipse 调试 CloudStack

很多开发者都喜欢使用 Eclipse 作为 IDE 进行 JAVA 开发，本小节简要介绍一下如何使用 Eclipse 进行 CloudStack 的开发。本小节将使用"CloudStack 模板 3"创建一台内存为 1G，CPU 为 1GHz 的虚拟机实例进行以下的实验。（在模板"CloudStack 模板 3"中已经安装好了 Eclipse，源代码放到了/cloudstack-4.5.1 目录下）。由于本章的主要目的在于指导读者进行 CloudStack 开发入门学习，因此在这里只简要介绍与代码分析相关的内容。

4.2.1 导入 CloudStack 源代码到 Eclipse

使用 Eclipse 的导入功能将 CloudStack 的源代码导入到 Eclipse。单击"File"->"Import"如图 4-6 所示。

在弹出的对话框中选择"Maven"，导入已存在的 Maven 项目，如图 4-7 所示。

单击"Next"，选择 CloudStack 的源代码路径(选择路径后，Eclipse 会查找目录下的所有 pom.xml 文件)，如图 4-8 所示。

单击"Finish"按钮完成导入操作，导入完成后，项目栏如图 4-9 所示。

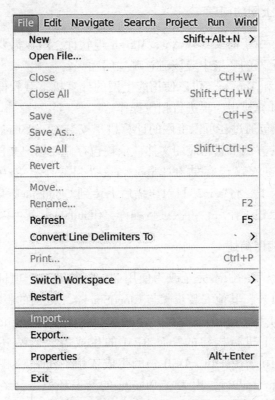

图 4-6　导入源代码菜单选项

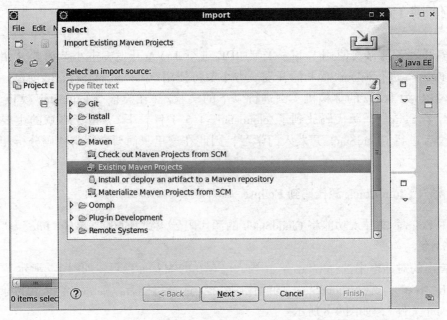

图 4-7　导入已存在的 Maven 项目

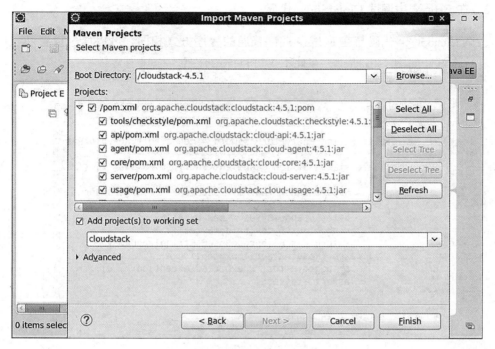

图 4-8 选择 CloudStack 的源代码路径

图 4-9 完成导入

4.2.2 在 Eclipse 中调试 CloudStack 代码

调试 CloudStack 代码与在 Eclipse 调试普通的程序方式相同，可以通过设置断点的方式来进行调试，如图 4-10 所示，在此不再进行详细介绍。

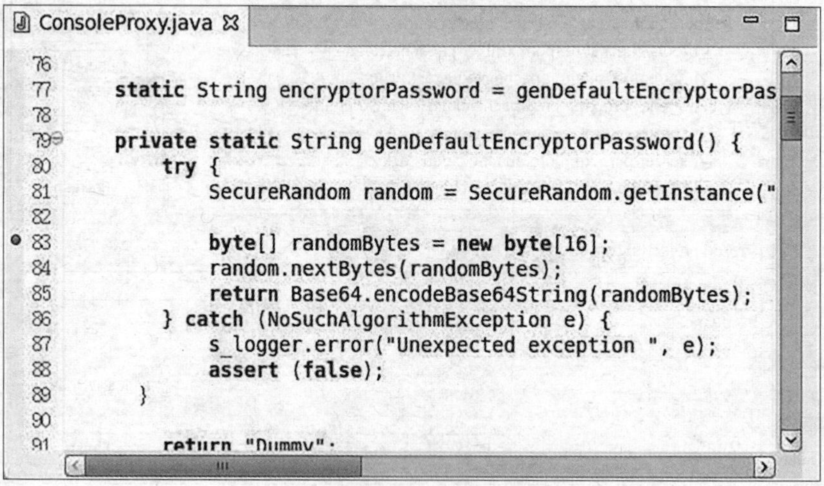

```java
76
77      static String encryptorPassword = genDefaultEncryptorPas
78
79      private static String genDefaultEncryptorPassword() {
80          try {
81              SecureRandom random = SecureRandom.getInstance("
82
83              byte[] randomBytes = new byte[16];
84              random.nextBytes(randomBytes);
85              return Base64.encodeBase64String(randomBytes);
86          } catch (NoSuchAlgorithmException e) {
87              s_logger.error("Unexpected exception ", e);
88              assert (false);
89          }
90
91          return "Dummy";
```

图 4-10 设置断点调试程序

在 Eclipse 中可以通过多种方式设置断点。

(1)把鼠标移动想要设置断点的行，在行号前面空白地方双击，就会出现断点。

(2)在菜单栏找到"Run"，在弹出的下拉框内点击"Toggle Breakpoint"，点击需要设置断点的位置进行断点设置。

4.2.3 代码分析入门

对于 100 多万行的 CloudStack 项目来说，如果想分析其代码，第一步需要做的就是找到代码的相应入口。CloudStack 是一个运行在 Tomcat 环境中的项目，其系统和普通的 Tomcat 系统一样。Tomcat 根据系统的 web.xml 文件决定如何运行。通过查看安装后的 CloudStack，可以看到在管理节点的/usr/share/cloudstack-management/webapps/client 目录下，WEB-INF 文件夹中有一个 web.xml 文件，这个文件就是系统的入口。对应到源代码中就是"cloud-client-ui"项目的"WEB-INF"目录中的 web.xml 文件，如图 4-11 所示。

从 web.xml 文件中可以看出，CloudStack 系统在启动的时候会自动启动以下三个 Servlet，分别是 apiServlet、cloudStartupServlet、consoleServlet。

cloudStartupServlet 是 CloudStack 启动时候用来启动整个系统的，并进行一些初始配置工作，包括获取全局参数并使用这些参数等。apiServlet 是用来处理 API 请求的，CloudStack 管理界面上的功能也是通过调用 API 来实现的。consoleServlet 主要用来处理网页 VNC 访问虚拟机的操作。

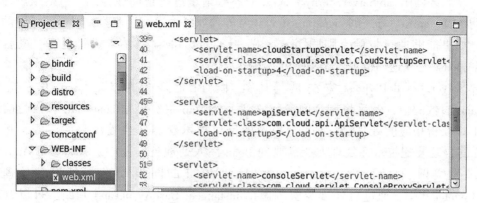

图 4-11 项目 web. xml 文件

下面主要介绍 apiServlet 收到一个请求后如何进行处理，以及同步 API 和异步 API 的区域及处理方法。

从 web. xml 中可以看到，apiServlet 的实现类是 com. cloud. api. ApiServlet，该类是 cloud-server 子项目的一个类，继承自 HttpServelet 类，doGet 和 doPost 分别处理 GET 和 POST 方式的 HTTP 请求。从 ApiServlet 的源代码可以看出，doGet 和 doPost 均调用了 processRequest( )方法进行处理，如图 4-12 所示，在"cloud-server/src/com/cloud/api"下可以找到"ApiServlet. java"该文件。

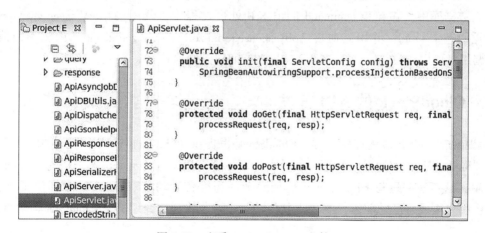

图 4-12 查看 ApiServlet. java 文件

processRequest 方法首先调用 utf8Fixup 对 URL 中传递的参数进行 UTF-8 解码，然后获取 command 参数，根据 command 参数的值来进行相应的处理。如果 command 参数的值为"login"或者"logout"，则分别进行登录或者提出的处理，并返回相应的结果。当 command 参数为其他值时，会先判断这个 Session 是否为新的，如果已经存在，则会判断所带的 sessionKey 参数的值是否和系统记录的 sessionKey 参数值相同，如果不同，则会返回错误信息。然后会调用_apiServer. verifyRequest 对参数请求进行正确性验证，包括用户是否有权访问 API、apiKey 方式的 signature 是否正常等。如果无法通过校验，则返回相应的错误信息；如果能够通过校验，则调用 apiServer. handleRequest 对请求进行处理，最后调用writeResponse 写入返回信息，结束 API 调用。

apiServer. handleRequest 方法是具体处理 API 命令的地方。该方法首先获取command 参数的值，然后将剩余的参数放到一个 Map 中。根据 command 参数的值调用cmdClass 获得相应的处理类，通过 JAVA 的反射技术获得一个处理类的实例，并通过Spring 的自动装配技术将处理类所需要的 Bean 注入处理类实例中。在将参数 Map 设置为处理类实例后，调用 queueCommand 对 command 的同步/异步属性进行处理。在queueCommand 中，通过对处理类实例做出 instanceof BaseAsyncCmd 判断，可以判断是否为异步 command。如果是同步 command，则会调用_dispatcher. dispatch 来调用command 的 execute( )方法，该方法是具体的业务逻辑处理。如果是异步 command，还需要判断是否为 BaseAsyncCreateCmd 的实现类，如果是，则需要通过调用_dispatcher. dispatchCreateCmd 来调用 command 的 create( )方法。接着，会构建一个AsyncJobVO 类型的对象，通过_asyncMgr. submitAsyncJob 来提交一个异步任务到异步任务执行队列中，会返回任务信息。到此，调用过程结束。

关于返回数据，同步 command 执行后的结果保存在 command 实现类的实例中，通过其 getResponseObject( )方法可以获取。在执行_dispatcher. dispatch 之后，直接调用ApiResponseSerializer. toSerializedString 来构建返回信息。异步 command 执行的状态和结果保存在数据库中。在异步 command 的请求和处理过程中，调用_asyncMgr. submitAsyncJob后会返回一个 jobid，并用其通过 ApiResponseSerializer. toSerializedString 来构建返回信息。API 调用者可以通过 queryAsyncJobResult 来查询任务的执行状态。

4.3 CloudStack 的 API 开发

和传统的 WEB 应用程序一样，CloudStack 也提供了丰富的 API 供用户使用。很多用户对 CloudStack 目前的界面并不喜欢，更有不少用户想通过 CloudStack 来搭建自己的公有云环境，这自然要重写 UI，并加入更加完善的运维管理功能。CloudStack 提供了丰富的API 供用户集成自己的前端，并加入其他功能。本节将详细介绍一下 CloudStack 的 API。

4.3.1 CloudStack 的账户管理

在 CloudStack 中，用户根据不同的权限被分为了 4 种角色，分别是全局管理员、资源域管理员、域管理员及最终用户。全局管理员和资源域管理员分别对应于整个云平台的权限和资源域的权限；域管理员及最终用户则是逻辑上的权限。根据用户权限的不同，API操作权限也是不一样的。CloudStack 通过对 API 的不同权限映射不同的用户角色来达到控制权限的目的。例如，普通用户想操作建立资源域或删除账号的 API，API 在执行前进行判断的时候，会发现普通用户没有这样的权限，从而拒绝执行。当然，API 并不是任何用户想调用就可以调用的。

4.3.2 CloudStack 中的 API 服务器

如果成功安装了 CloudStack 管理服务器，在全局配置参数中看到"integration. api. port"。这个参数的值在开发环境中默认为 8096，在生产环境中默认是 0(此时 API 服务是关闭的，以此来防范恶意访问)。建议在开发和测试过程中启用 API 以快速完成工作，但如果想最终集成 CloudStack 的 API 访问，最好还是通过 8080 端口，这与 CloudStack 自身的 UI 使用相同方式，通过 API Key 和 Signature 来完成 API 调用。在 CloudStack 中，API 服务器通过 HTTP 线程池来提供客户端的连接，最多情况下可以开启 100 多个 HTTP 连接来处理请求。因此，不必担心性能问题，也不用担心公有云对并发访问的限制。

4.3.3 准备知识

如果想使用 CloudStack 的 API，需要准备以下内容：
➤ 要使用的 CloudStack 的 URL 地址。
➤ CloudStack 中一个用户的 API Key 和 Secret Key(需要由管理员生成)。
➤ 熟悉 HTTP GET/POST 和查询字符串的操作。
➤ 了解 XML 或 JSON 的相关知识。
➤ 了解一种能够生成 HTTP 请求的语言。

4.3.4 生成 API 请求

所有的 API 请求都由相关的命令和该命令所需的参数通过 HTTP GET/POST 形式提交。不论 HTTP 还是 HTTPS，一个请求都由以下部分组成：
➤ CloudStack API URL：API 服务的入口。
➤ Command：要执行的命令。
➤ Parameters：必须或可选的参数。
这里构造一个 API 请求，来进行相应的分析：
http：//192. 168. 30. 2：8080/client/api? command = deployVirtualMachine&zoneId = 2&templateId = 2&apikey = RAuEXHczZLN3qDGwx-tekr5cxPTQlWcEjOfX9PAMl8wTjZEfj67rM-v55MDti-_ YO3KA8a _ RZC8Wm5dR1kOSLA&signature = KEO% 2BTzvs9B02vhA3LnoT% 2B2akR6Y%3D。
可以将上面调用的 URL 进行整理：
1. http：//192. 168. 30. 2：8080/client/api?
2. command = deployVirtualMachine
3. &zoneId = 2&templateId = 2
4. &apikey = RAuEXHczZLN3qDGwx-tekr5cxPTQlWcEjOfX9PAMl8wTjZEfj67rM-_ YO3KA8a_RZC8Wm5dR1kOSLA

161

5. &signature=KEO%2BTzvs9B02vhA3LnoT%2B2akR6Y%3D

第一行是 CloudStack 的主机地址和 API 路径，该行的最后一个字符是"？"，用来与 Command 进行分隔。

第二行是要调用的 API 命令，在这个构建的例子中是要生成一个新的虚拟机。

第三行是该命令的参数(有关每个命令的参数，请参考 CloudStack 的 API 参考文档)，每个参数采用"name=value"的格式，参数之间用"&"分隔。

第四行是 API 所使用的 API Key(API 密钥)。

第五行是散列签名，用来对该命令的用户进行认证。

4.3.5 API 调用的认证方式

API 调用的调用代码首先需要在管理服务器上进行认证。目前 CloudStack 采用以下两种方式进行认证：

➤ Session 认证：通过 Login API 获得一个 JSESSIONID Cookie 和一个 JSESSIONKEY Token。

➤ API Key 认证。

4.3.6 API 调用实例

在 CloudStack 的 WEB UI 界面中创建一个虚拟机，然后进入虚拟机的详细信息页面，单击"查看控制台"按钮，如图 4-13 所示，此时在浏览器的地址栏将会生成一个 API 调用字符串"http：//192.168.30.2：8080/client/console？ cmd = access&vm = e9d3a3dd-3a8d-4e41-9147-af893eb7166d"，如果将此字符串复制下来，输入到其他浏览器的地址栏中，则依然可以打开此虚拟机的控制台，如图 4-14 所示。

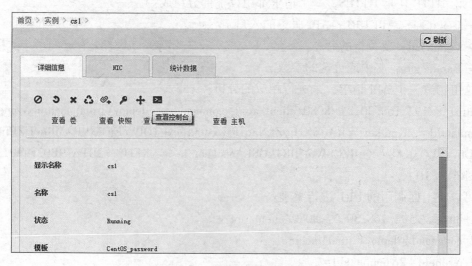

图 4-13　查看虚拟机的控制台

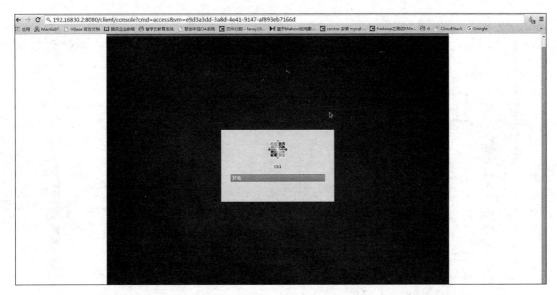

图 4-14　打开虚拟机的控制台

　　如果涉及一些需要访问权限的 API 调用，则需要在 API 字符串中加入相应的 API Key（API 密钥）和 Secret Key（密钥）来进行签名。

　　API Key 和 Secret Key 可以由 admin 用户通过控制台生成。

　　登录 CloudStack 的 WEB UI 界面，单击"账户"，选择"admin"选项。单击右上角的"查看用户"进入用户标签页，找到"admin"用户，这是可以看到 API Key（API 密钥）和 Secret Key（密钥），如果两个文本框中没有值，应单击工具栏中的"生成密钥"按钮，生成新的密钥，如图 4-15 所示：

　　有了 API Key（API 密钥）和 Secret Key（密钥），就可以用它们来对 API 命令及参数进行签名了。

　　生成签名步骤如下：

　　调用发布虚拟机实例的命令"deployVirtualMachine"，得到如下字符串：

　　http：//192.168.30.2：8080/client/api？command = deployVirtualMachine&serviceOfferingId = 1&templateId = 2&zoneId = 3&apikey = RAuEXHczZLN3qDGwx-tekr5cxPTQlWcEjOfX9PAMl8wTjZEfj67rM-v55MDti-_ YO3KA8a _ RZC8Wm5dR1kOSLA&signature = KEO%2BTzvs9B02vhA3LnoT%2B2akR6Y%3D。

　　以上命令要注意两个请求参数：apikey 和 signature，这里以 CloudStack 管理员的身份（admin）为例，可以先在 CloudStack UI 上生成用户的 api key 和 Secret key，只有管理员权限可以生成这两个 key。上述请求的 apikey 直接填生成的即可，signature 是通过请求的命令及参数 + Secret key 再通过 HmacSHA1 哈希算法共同生成的，大多数语言都提供类似的库来生成这种 signature。在 CloudStack 中可以参考测试类：test/src/com/cloud/test/utils/UtilsForTest.java 里的实现，或直接用其产生 signature，这个测试类要生成上述 API 调用的 signature，输入参数为（api key，secret key）：

163

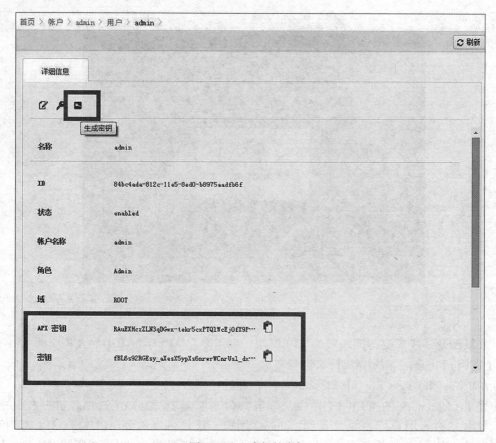

图 4-15　生成新的密钥

-u " command = deployVirtualMachine&serviceOfferingId = 1&templateId = 2&zoneId = 3" -a " api key" -s " secret key"

　　运行测试类后就会生成请求命令包含的 signature, 这种方法保证调用 API 的安全检查, 但是非常不方便, 因为实际上每个命令会产生一个单独的 signature, 但如果是进行自动化测试, 用这种方法会是一个比较好的选择, 相关代码片段如下(request 和 secretkey 为输入项):

```
Mac mac = Mac. getInstance( "HmacSHA1" ) ;
SecretKeySpec keySpec = new SecretKeySpec( secretkey. getBytes( ) ,"HmacSHA1" ) ;
mac. init( keySpec) ;
mac. update( request. getBytes( ) ) ;
byte[ ] encryptedBytes = mac. doFinal( ) ;
return Base64. encodeBase64String( encryptedBytes) ;
```

4.3.7 API 响应

1. 相应格式——XML 或 JSON

CloudStack 对于 API 的调用返回结果支持两种格式：一种是 XML 格式，一种是 JSON 格式，默认的格式是 XML。如果想让返回的结果为 JSON 格式的数据，只需在请求字符串中添加"&response＝json"即可。

2. API 命令请求的返回页面大小

对于每一个调用 API 的结果，每个页面的数据量都有一个默认的最大值，这是为了防止 CloudStack 管理服务器超载以及被攻击。

每个 CloudStack 服务器默认的页面大小是不同的，可以在全局变量 "default. page. size"中设定。如果 CloudStack 中有很多用户和大量的虚拟机，应该增大参数的值，但该值不应该设置的过大，否则可能引起服务器宕机。

3. 错误处理

如果在 API 请求处理的过程中有错误发生，则会返回合适的响应结果。每个错误响应中都包含一个错误代码和一个记录错误描述的文本信息。

如果一个 API 请求总是返回 401 错误，可能是因为签名中有错误、API Key 丢失或者该用户没有权限执行该 API。

4.3.8 异步 API

如果一个 API 命令需要花费较长的时间才能完成，如创建快照或者磁盘卷，那么这个 API 命令将会被设计成异步 API。

异步 API 和同步 API 的区别：

➢ 异步 API 在文档中被标示为"（A）"。

➢ 异步 API 在被调用后，会立刻返回一个对应于该命令的 Job 的 Job ID。

➢ 如果执行的是一个创建资源类型的命令，会返回该资源的 ID 及 Job ID。

获得到 Job ID 后，可以通过"queryAsyncJobResult"这个 API 检查 Job ID 所对应的 Job 的状态<jobstatus>。

使用"queryAsyncJobResult"检查 Job ID 所对应的 Job 的状态时，可能会返回三种状态代码：

➢ "0"表示 Job 仍然在执行。

➢ "1"表示 Job 执行成功，Job 将返回任何与之前执行的命令相关的响应值。

➢ "2"表示 Job 执行失败，返回值<jobresultcode></jobresultcode>中的内容是错误的原因代码，<jobresult></jobresult>中的内容用于判断失败的原因。

附 录

在 CloudStack 使用的过程中，会遇到各种异常，导致系统无法正常运行。在这里列举出本书写作过程中遇到的问题以及解决方法，仅供参考。

1. 管理节点的 Web 界面无法访问。

检查 iptables 是否阻挡了 8080 端口。检查 cloudstack-management 服务是否正常启动。

```
service cloudstack-management status
```

如果启动状态不正常，则需要检查一下管理节点的日志。日志位于 /var/log/cloudstack/management/catalina. out。根据日志中的错误提示，进行相应的处理，绝大多数问题都可以得到解决。

2. 登录时提示用户名密码不正确。

默认的登录用户名为 admin 密码是 password。如果登录时提示不正确，可能是导入基础数据库时有的问题。重新导入基础数据库，如果还是不行，将数据库删掉再重新导入。

3. CloudStack 不能添加主存储或二级存储。

检查/etc/sysconfig/nfs 配置文件是否把端口都开放了，检查 iptables 是否有阻挡。检查 CloudStack 的"全局设置"，secstorage. allowed. internal. sites 属性是否设置正确。

4. CloudStack 无法导入 IOS 或虚拟机模板。

创建好"基础架构"后，就可以导入 ISO 文件或虚拟机模板，为创建虚机作准备了。如果你发现注册 ISO 或注册模板时，状态字段一直不动，已就绪永远都是 no，那一般都是因为二级存储有问题或 Secondary Storage VM 有问题了。

选择"控制板"->系统容量，检查二级存储容量是否正确。检查系统 VM 中的 Secondary Storage VM 是否正常启动。

5. 安装完成后，启动 cloud-management 服务或者 cloud-usage 服务时，出现以下错误：

```
    cloud-management dead but pid file exists. The pid file locates at /var/run/cloud-management. pid and lock file at /var/lock/subsys/cloud-management.
Starting cloud-management will take care of them or you can manually clean up。
```

赋日志文件权限

```
chown cloud /var/log/cloudstack/-R
```

6. com. mysql. jdbc. exceptions. jdbc4. MySQLSyntaxErrorException：Duplicate column name 'size'。

重新初始化数据库并重启动 cloud-management 服务，执行两遍，然后重新启动即可。

7. 为什么第一次创建虚拟机的时候比较慢。

首次使用模板创建虚拟机时，CloudStack 会将此模板从二级存储复制到主存储，需要等 3~5 分钟让 CloudStack 完成首次复制（具体时间依据硬件和网络的情况有所不同），之后再使用此模板创建虚拟机将只会在主存储上复制，而不用再经过二级存储，所以再次创建虚拟机将只需要 5~10 秒即可完成。

8. 在管理节点中添加主机失败。

添加主机时失败，请查看日志：

管理节点日志在/var/log/cloudstack/management/catalina. out

受控节点日志在/var/log/cloudstack/agent/cloudstack-agent. out

9. Unable to start agent：Failed to get private nic name。

在 CloudStack 中，流量标签是同受控主机的网桥相关的，如果设置了流量标签，则受控机必须设置相应的网桥。CloudStack4. 5. 1 的 agent 在启动时，默认会自动创建 cloudbr0。如果你指定了其他的标签名，则相应的网桥也要作修改，甚至需要在受控机上手工创建网桥。

如果想修改成其他网桥名字，那么需要在配置文件里面指定：

```
vim /etc/cloudstack/agent/agent. properties
```

修改以下两个参数：

```
private. network. device
public. network. devic
```

如果网桥指定错误的话，那么就会出现上面的错误。

10. Failed to create vnet。

如果你再尝试创建高级网络，出现的如上的错误，那是因为你没有安装 vconfig 程序。

```
yum install vconfig
```

11. 在添加主存储过程中出现 unexpected exit status 32：mount. nfs：Connection timed out。

可以尝试通过以下命令重新启动管理节点服务后再重新添加。

service cloudstack-management restart

12. Exception while trying to start console proxycom. cloud. exception. InsufficientServer CapacityException：Unable to create a deployment for VM。

可能是计算主机所分配的 CPU 或内存不够，需要加大分配的资源。

参 考 文 献

1. 中国 CloudStack 社区编写小组 . CloudStack 入门指南[M]. 电子工业出版社，2014.

2. 鲍亮，叶宏 . 开源云计算平台 CloudStack 实战[M]. 清华大学出版社，2016.

3. 戢友 . OpenStack 开源云王者归来：云计算、虚拟化、Nova、Swift、Quantum 与 Hadoop[M]. 清华大学出版社，2014.

4. A. Birch，Keith Dunkinson 等 . Apache Cloudstack Cloud Computing [M]. Packt Publishing Limited，2013.

5. 刘振宇，蔡立志，陈文捷 . CloudStack 技术指南[M]. 哈尔滨工程大学出版社，2015.

6. CloudStack Installation from GIT repo for Developers. http：//docs. cloudstack. apache. org/en/latest/developer_guide. html